U0167466

江苏省住房和城乡建设厅　江苏省建筑文化研究会　组织编写

中国建筑工业出版社

图书在版编目（CIP）数据

阅江南 / 江苏省住房和城乡建设厅，江苏省建筑文化研究会组织编写 . —北京：中国建筑工业出版社，2021.12

ISBN 978-7-112-27014-9

Ⅰ．①阅… Ⅱ．①江… ②江… Ⅲ．①建筑文化—华东地区 Ⅳ．①TU-092.95

中国版本图书馆 CIP 数据核字（2021）第 267585 号

责任编辑：宋　凯　张智芊
责任校对：张　颖

阅江南

江苏省住房和城乡建设厅　江苏省建筑文化研究会　组织编写

*

中国建筑工业出版社出版、发行（北京海淀三里河路 9 号）

各地新华书店、建筑书店经销

逸品书装设计制版

北京富诚彩色印刷有限公司印刷

*

开本：787 毫米 ×1092 毫米　1/16　印张：12¼　字数：114 千字
2021 年 12 月第一版　2021 年 12 月第一次印刷
定价：**68.00** 元
ISBN 978-7-112-27014-9
（38773）

吴良镛

家最高科技奖获得者
中国科学院院士
中国工程院院士
华大学建筑学院教授
学建筑与城市研究所所长
学人居环境研究中心主任

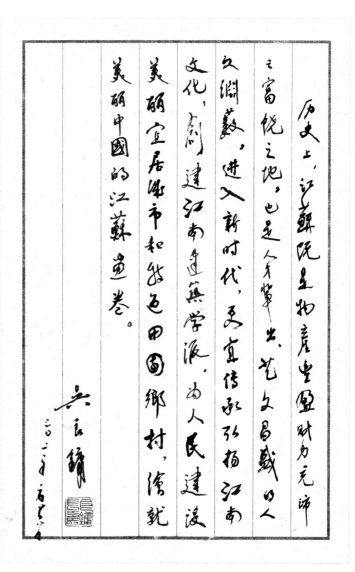

历史上，江苏既是物产丰盈财力充沛之富饶之地，也是人才辈出、艺文昌盛的人文渊薮。进入新时代，更宜传承弘扬江南文化，创建江南建筑学派，为人民建设美丽宜居城市和特色田园乡村，绘就美丽中国的江苏画卷。

吴良镛
二零二一年秋于清华园

在江苏，何不"阅江南"？

"日出江花红胜火，春来江水绿如蓝。能不忆江南？"对中国人而言，江南不仅是一个地域，更是一种意境，一种审美，一种生活方式的延续。正如吴良镛先生所说，"区域、城市、建筑群、单体建筑以及建筑细部浑然一体，是规划、建筑、园林的整体创造，是经济、科技、文化、艺术、自然等的有机融合"。"上有天堂，下有苏杭"，中国人的天堂并非远在天边，而尽在每个人心中的"江南意向"。

习近平总书记在主持中央政治局学习时强调，"在历史长河中，中华民族形成了伟大民族精神和优秀传统文化，这是中华民族生生不息、长盛不衰的文化基因，也是实现中华民族伟大复兴的精神力量，要结合新的实际发扬光大。"

弘扬江南文化精神，开展江南建筑文化的研究，正是为了推动与促进中华优秀传统文化在新时代的创造性转化和创新性发展，进而"以东方的思想情操、美学境界启发新的创造，倡建中国学派，并汇入和而不同的世界建筑文化洪流中"（吴良镛）。

江南最是这方好

"人人尽说江南好，游人只合江南老"。杏花春雨里的江南，是游子心中最深的牵念，是诗人笔下最美的乡愁，更是最令人向往的人居家园。

随着历史的推移，江南的地域空间范围不断演变。经历了由西向东逐渐流徙变迁的过程。然而，循着江南的足迹，不难发现，地理空间的流徙与界定并不那么重要，而存在于历代中国人心目中的江南人居意向和江南文化精神，才是江南的价值所在。

| 《粉墙黛瓦，江南新民居》葛早阳 摄
来源："特田生活特别甜"手机摄影比赛 优秀奖

江苏的主角视角

六朝以降，江苏经济繁荣、艺文昌盛、环境优美，无论在地域流变还是内涵演变中，江苏一直是江南的核心区域，有着"人居天堂"的深厚历史积淀，代表着中国传统的审美价值观与人文意境。

2013年，习近平总书记在参加十二届全国人大一次会议江苏代表团审议时指出，江南是个好地方，自古就有"上有天堂，下有苏杭"之美誉。之所以称苏杭为天堂，不仅是因为苏杭经济繁荣、社会安稳，而且还

| 南京芥子园
来源：崔曙平 摄

石墙人家颂

石塘人家是江苏省特象田园
乡村拜於南京江宁区横溪街
道石塘村後石墙
明宇作

| 杜明宇 绘

来源：江苏省首届"丹青妙笔绘田园乡村"活动 优秀奖

有自然风光、生态环境的美丽。"故人西辞黄鹤楼，烟花三月下扬州"是一种境界。江南美景美不胜收。

"联合国人居奖"项目、"中国人居环境奖"城市、国家园林城市以及国家级历史文化名城、名镇、历史文化街区数量全国领先，无不夯实了江苏在"江南"议事中的话语权。

国家最高科技奖获得者，两院院士吴良镛先生亦评价道："历史上，江苏既是物产丰盈财力充沛之富饶之地，也是人才辈出、艺文昌盛的人文渊薮。进入新时代，更宜传承弘扬江南文化，创建江南建筑学派，为人民建设美丽宜居城市和特色田园乡村，绘就美丽中国的江苏画卷。"

以江苏的主角视角出发，探寻与之相关的物质载体与精神世界，建筑空间与文化内涵，理想的江南便更加立体丰满；去观，去听，去赏，去品，去感，阅尽江南，意念中的江南就在江苏大地上真切地还原了……

阅江南·筑

　　讲述江南传统建筑和造园艺术的风华过往、匠心技艺和当代创新。阐释江南建筑空间之美。

| 何姝珩 绘

来源：江苏省首届"丹青妙笔绘田园乡村"活动 二等奖

阅江南·意

　　江南入诗、入画、入心，探析江南表皮下的意境、意韵、意趣。江南建筑与园林无不承载着江南的文化精神。

游園驚夢

不入園林，
怎知春色如許

牡丹亭

来源：江苏省苏州昆剧院

阅江南·品

江南的艺术，无论诗画、歌赋，乃至才子文人，均赋予了江南建筑与空间独特的文化底色与文化意境，值得细细品味。

阅江南·味

探寻江南味道的层层肌理，勾勒江南生活中独有的人生百味和生命感悟。细述江南的四时之景、饮食风尚、创意生活，描绘现代江南生活的文化地图。

| 苏州三虾面
　来源：图虫创意

"一千个读者心中有一千个哈姆雷特"，每一个中国人心中都有一个属于自己的江南。"阅江南"从建筑空间与人居环境出发，并延展到江南生活的衣食住行、茶余饭后、唱念做打，力图揭示当代江南生活的本真与特质，为今日之江南勾勒清晰轮廓。

倡导以文化自信、文化自觉、文化自尊的态度，以创造性转化和创新性发展的方式，保护、传承和发展江南文化精神，为人们营建心目中的江南胜境、美好家园，建设当代江南的富春山居图。

编者

2021 年 12 月 28 日

在江苏，何不「阅江南」

阅江南

筑

阅江南

史上的江南　心中的江南

周　岚　崔曙平

"人人尽说江南好，游人只合江南老。"杏花春雨里的江南，是游子心中的牵念，是诗人笔下的乡愁，是令人向往的"人居天堂"。

江南在哪里？

在屈子心中，江南是长江以南的荆楚江湘之地。在司马迁笔下，长江南岸直至海边都是江南。今天的语言学家认为，长江中下游的吴语区（江浙一带）是真正的江南。气象学家则认为，凡是梅雨覆盖的地方都可属江南。

査士标《江南雨初歇》
来源：远望堂 藏

江南地域的历史流变

2300多年前，屈原吟唱着《招魂》：魂兮归来，哀江南！这应是"江南"第一次被咏唱并记载。

在先秦文献中，"江南"往往是一个方位词，多指楚国长江以南的地区。随着"江南"在诗词典籍中逐渐被频繁提及，其地域空间也不断发生着变迁。

汉武帝设立"十三刺史部"，将楚国的领地分为荆、扬二州，将二州之地俱称"江南"。这一地理概念一直延续到唐设置江南道。

三国时期，"江南"一词较少见诸于典籍，取而代之的是"江东""江左"，此时的江南在地域上大致与"东吴"相近。

南北朝时期，由于以建康（南京）为核心的南朝地区的经济文化繁荣，关于"江南"的著述，此时更多表述为长江下游以南地区。

唐朝是江南区划范围清晰的重要时期。唐太宗将天下分为十道，其中"江南道"行政区范围最广。这虽是不设机构、不派官员的地理区划，却是江南第一次以行政区方式出现在中国的版图上。中晚唐时期，江南道细分为江南西道和江南东道。

五代时期南唐定都于金陵（今南京），一时"儒衣书服盛于南唐""文物有元和之风"，南唐渐成江南代名词。

两宋时期，江南成为国家经济文化中心，尤其是靖康之乱后，天下俊杰流寓于此，"江南"作为文学表述开始频繁地见于诗词之中。

明清时，江南范围进一步缩小，聚焦到环太湖流域的苏南、浙北地区，苏、松、常、镇、宁、杭、嘉、湖"八府一州"之地成为江南"腹心"所在。

| 《青山绿水》李伟 摄
来源："特田生活特别甜"手机摄影比赛 二等奖

　　从古至今，江南的历史空间经历了由西向东、范围逐渐聚焦的流徙变迁过程。虽然当代学者对"江南"空间范围的界定不一，但都较为一致地将环太湖地区，即今天长三角世界级城市群的中心地区，视为江南区域的核心所在。

江南是如何炼成的

　　司马迁心目中的江南，并不是一个好地方，《史记》中称"江南卑湿，丈夫早夭"。

　　晋"衣冠南渡"后，中原士族给地广人稀的江南带来了当时北方较为先进的生产技术，也将诗歌、书法、算数等传播至此，促进了江南经济技术和社会文化的发展。到了南朝宋文帝之时，江南已成为鱼米茶桑之乡、文华繁昌之地。

隋统一天下后，修建了连通南北、2000余公里长的隋唐大运河，漕运的兴盛进一步推动了江南的发展。

自唐以降，以苏杭为代表的江南不再是"江南瘴疠地，自古多逐臣"。陆游在《常州奔牛闸记》中称"予谓方朝廷在故都，实仰东南财赋，而吴中尤为东南根底，语曰。苏常熟，天下足"。

为方便货物集散，人们引水入市，建造起"前街后河"的城镇，也奠定了江南市镇繁华的根基，滋润出柔和温婉的风土人情。今日的苏州山塘街、木渎镇等就是其中典型代表。

随着南宋时期国家行政中心的转移，江南地区的

| 苏州山塘街
来源：图虫创意

| 清 徐杨《姑苏繁华图》局部
　来源：辽宁省博物馆 藏

发展又一次腾飞，成为人人向往的"人居天堂"。

至明清，江南市镇的经济发展和繁荣程度已让其他地区难以望其项背。乾隆皇帝六下江南，更是令江南名扬天下。

江南的文化意象

"南朝四百八十寺，多少楼台烟雨中。"南北朝时期，佛教逐渐盛行，以都城建康（今南京）为核心的南朝地区佛寺林立。江南人在对佛的礼敬中，性情中多了一份内敛与沉静。

得益于长江天堑的阻隔，南朝相对安定的经济社会环境，加之以烟雨中的亭台楼榭与湖光山色，激发了文人的创作灵感。文人墨客以优美的笔触，为这方土地，留下了众多千古传诵的诗篇。江南藉此走进了中国人的内心世界，在文学氛围的熏染下，烟雨江南的大街小巷、屋舍店肆似乎都透着浓浓的书香。

自宋以来，江南造园之风渐起，退隐田园的官宦、仕途失意的才子和功成名就的商人，在此寻木觅泉，兴建园林。

至明清时，江南园林达到鼎盛，仅苏州就有大小园林200多座。满腹才华的诗人、笔墨山水的画家和技艺精湛的工匠们共同营造了虽由人作、宛自天开、步移景异的江南园林，他们巧妙运用太湖的奇石、江南的花木，勾连起周边的河湖，将心中的山水自然和蓬莱仙境，一点点铺陈开

| 清 尤诏、汪恭《随园湖楼请业图》局部
　　来源：苏州博物馆 藏

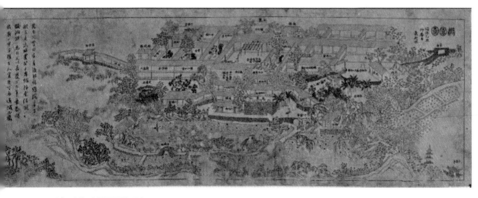

| 清 袁起《随园图》局部
　　来源：南京博物院 藏

| 狮子林古五松园门廊
来源：《江苏古典园林实录》

来。拙政园、退思园、狮子林等一座座精美园林，将江南点缀成了令人向往的诗意人间天堂。

当文学、诗画、园林、建筑和精致的生活在同一空间演绎出来，江南尽善尽美的人文精神，以及"水、桥、房"的空间格局、"黑、白、灰"的民居色彩、"情、趣、神"的园林意境、"轻、秀、雅"的建筑风格等，让江南"小桥流水人家"的美好生活方式有了更为生动鲜活的意义。

正因如此，当人们谈及某地风光旖旎、经济繁荣时，常用"江南"形容，如"塞上江南""陇上江南"……或许，江南地域空间的界定并不那么重要，而存在于中国人心中的江南理想人居意象及其蕴含尽善尽美的文化精神，才是江南真正的价值与魅力所在。

| 刘佳蕾 绘
来源：江苏省首届"丹青妙笔绘田园乡村"活动

作者简介

周　岚

江苏省住房和城乡建设厅厅长，博士、教授级高级规划师，中国城市规划学会副理事长，九三学社中央常委、江苏主委。

崔曙平

江苏省城乡发展研究中心主任，人文地理学博士，研究员级高级工程师，江苏省建筑文化研究会秘书长、常务理事。

阅筑南

阅江南

玉山草堂与乡野园林

郭海鞍

　　说起江南园林，大家最先想到的一定是以拙政园、留园为代表的苏州园林。然而历史上还有一种不那么精致，很乡土，很田园，也很广袤豪迈的江南园林，姑且称之为"乡野园林"，抑或就用其原本的历史提法——"草堂"。

┃ 竹林与草堂
来源：作者提供

诗词歌赋中再见玉山草堂

苏州不仅有江南园林，更有乡野园林，是一种基于名仕格调、风雅情操和乡土文化的园林形态，其中最具代表性的就是玉山草堂。所谓玉山，便是指苏州的昆山，所谓草堂，便是文人雅士对自宅的自谦之名，也体现了一种不拘小节的豪迈之气与顺应乡野自然的人生价值取向。

玉山草堂出现于元末明初，草堂的主人名叫顾瑛（1310—1369），也作顾阿瑛。顾瑛是当时很了不起的商人，不到四十岁便已家财万贯。当时已经风雨飘摇的蒙元政府很想让他为朝廷所用，但是颇有文人气节的顾先生不愿意服务当时的异族统治，于是不再经商，而是广交天下文人墨客，召集天下饱有才学之名士、擅长文艺之名家，一起聚集研学，于是形成了中国历史上著名的三大文人雅集之一的玉山雅集。

| 乡野的园林小径
来源：作者提供

| 乡土植物
来源：作者提供

　　所谓雅集，便是现在人们常说的沙龙，或者说学术交流会。当然在古代，开Party并不容易，不仅彼此联系很难，交通也非常不便。但是凭借雅集主人强大的号召力或财力，中国历史上还是出现了一些重要的雅集活动。

　　比如以王羲之为代表的兰亭雅集，包括谢安、谢万、孙绰、王凝之、王徽之、王献之等名家；还有以王诜为代表的西园雅集，包括米芾、李公麟、苏轼、苏辙、黄庭坚、秦观等诸多名流。这些雅集活动留给今人的主要是一些绘画作品和诗词歌赋。

　　而雅集很重要的依托便是主人家的场所，一般是召集人的私家园林，也就是前面两个雅集中"兰亭"和"西园"的所在地。那么玉山雅集的召集人便是顾阿瑛，聚集地便是玉山草堂，名流则包括杨维桢、柯九思、郑元祐、张雨、袁华、倪瓒、黄公望、王冕、陈基等诸多著名文人雅士。

人物	生	卒	龄差	别号	出生地	职业	作品
顾阿瑛	1310	1369	0	金粟道人	昆山	诗人、文学家、书画家、戏曲家	《玉山璞稿》《玉山名胜集》
杨维桢	1296	1370	-14	铁笛道人	绍兴	诗人、文学家、书画家、戏曲家	铁崖体（古乐府诗）、春秋合题着说等
柯九思	1290	1343	-20	丹丘生	台州	画家、鉴赏家	竹石图、清閟阁墨竹图、双竹图
郑元佑	1292	1364	-18	尚左生	遂昌、杭州	文学家	《侨吴集》
张雨	1283	1350	-27	句曲外史	杭州	诗人、词曲家、书画家、茅山派道士	台仙阁记、题画二诗、句曲外史集
王冕	1287	1359	-23	梅花居主	浙江	画家、诗人、篆刻家	墨梅、白梅、南枝春早图、墨梅图、三君子图
倪瓒	1301	1374	-9	净名居士	无锡	画家、诗人	渔庄秋霁图、六君子图、容膝斋图、青閟阁集

　　玉山雅集的所在地玉山草堂，也就是顾阿瑛的私家宅地。顾先生确实是当时的大富豪，所置宅地从昆山现在的正仪老街一直到绰墩山北，南北长将近五公里，东西不止三公里，近十几个平方公里都是草堂的范围。于是顾先生在这里谋划了二十四处美景，也有传说是三十六处美景，总之形成了一种更加广袤，更有乡野特色的庞大私家园林。

　　所憾者，这样的大规模乡野园林很难保存，事实上，顾阿瑛在世之时，玉山草堂便已遭受过战乱之毁；所幸者，玉山雅集留存了大量的文人墨客关于玉山草堂的描述，还有一些书画，可惜其中一幅重要的书画——

| 玉山草堂所处方位
来源：作者提供

张渥的《玉山雅集图》已经不存，好在还有杨维桢关于此画的题跋，全文如下：

> 右《玉山雅集图》一卷，淮海张渥用李龙眠法所作也。玉山主者，为昆丘顾阿瑛氏。其人青年好学，通文史及声律钟鼎古器法书名画品格之辨。性尤轻财喜客，海内文士未尝不造玉山所，其风流文采出乎辈流者，尤为倾倒。故至正戊子二月十又九日之会，为诸集之冠。鹿皮衣，紫绮坐，据案而申卷者，铁笛道人会稽杨维桢也。执笛而侍者，姬翡翠屏也。岸香几而雄辩者，野航道人姚文奂也。沈吟而痴坐搜句于景象之外者，苕溪渔者郯韶也。琴书左右，捉玉尘而从容谈笑者，即玉山主人也。姬之侍为天香秀也。展卷而作画者，为吴门

李立。傍视而指画者，即张渥也。席皋比曲肱而枕石者，玉山之仲晋也。冠黄冠坐蟠根之上者，匡庐山人于立也。美衣巾束冠带而立，颐指仆从治酒肴者，玉山之子元臣也。奉肴核者，丁香秀也。持觞而听令者，小琼英也。一时人品，疏通俊朗，侍姬执伎皆妍整，奔走童隶亦皆驯雅，安于矩矱之内。觞政流行，乐部谐畅。碧梧翠竹，与清扬争秀；落花芳草，与才情俱飞。登口成句，落豪成文。花月不妖，湖山清发。是宜斯图一出，一时名流所慕尚也。时期而不至者，句曲外史张雨、永嘉征君李孝光、东海倪瓒、天台陈基也。夫主客交并，文酒赏会，代有之矣。而称美于世者，仅山阴之兰亭、洛阳之西园耳，金谷、龙山而次，弗论也。然而兰亭过于清则隘，西园过于华则靡；清而不隘也，华而不靡也，若今玉山之集者非欤？故余为撰述缀图尾，使览者有考焉。是岁三月初吉，客维桢记。

从文中看出，杨维桢对比了兰亭、西园和玉山三大雅集，认为：兰亭过于清则隘，西园过于华则靡；清而不隘也，华而不靡也，若今玉山之集者非欤？也便是说兰亭过于清简，西园过于奢靡，只有玉山雅集，清雅而不小气，华美又不奢靡，对玉山草堂和雅集活动予以了高度的评价。

杨维桢题跋
来源：作者提供

顾瑛留下了很多重要的文献，其中《玉山璞稿》(玉山草堂集）和《玉山名胜集》是非常重要的两本，之中不仅包括他自己的诗词，也详细记录了大批文人雅士关于玉山草堂中玉山佳处的诗词描述。

比如郑元祐这样描写玉山佳处之芝云堂：

> 溪望昆山裁十里许，其出云雨、蒸烟岚，近在目睫。且筑室於溪
> 上，得异石於盛氏之游绿园，态度起伏，视之，其轮囷而明秀，既似
> 夫云之卿云。其扶疏而缜润，又似夫仙家之芝草（灵芝）。遂合而名
> 之日"芝云"。

| 芝云堂和钓月轩的艺匠解析
来源：作者自绘

再比如顾瑛描述玉山草堂中最重要的建筑，也是他的居室——碧梧翠竹堂时这样写道：

> 昆山顾君仲瑛名其所居之室曰"玉山草堂"，筑圃凿池，积土石为丘阜，引流种树于中。为堂五楹，还植修梧巨竹，森密蔚秀，苍缥阴润，祥㿉不得达其牖，曦晖不能窥其户，乃名其堂曰"碧梧翠竹"。堂中列琴壶觚砚图籍及古鼎彝器，非韵士胜友辄不延入也。

尽管如今玉山草堂已经不复存在，但是从大量的诗词歌赋中依然可以窥视当初玉山草堂的繁华和盛景。从诗词中，我们可以推断玉山二十四佳处的空间位置、主要形态和构成，以及周边植物和环境的情况。

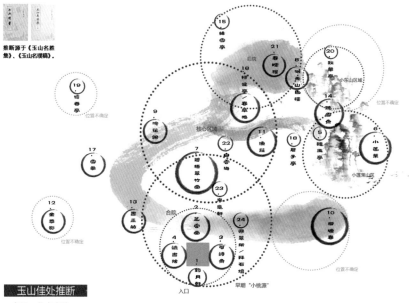

推断源于《玉山名胜集》、《玉山名瑷稿》。

玉山佳处推断

来源：作者自绘

例如陈基描述春晖楼时写道：

> "山之西为草堂，堂之北为春草池，跨池为屋，以藏法书名画，
> 如昔人之舫斋者。舫上构重屋曰春晖楼，与所谓湖光山色者相直。"
> 描述了草堂、春草池、书画坊、春晖楼、湖光山色楼之间的关系。

再如描述浣花馆时，顾瑛写道："波暖花明状元浦，竹寒沙碧拾遗诗"，袁华写道："花迷芩南北，水接潆东西。行春向何许，只在浣花溪"，这些词句将浣花馆周边的环境关系、植被情况都做了一定的描述。当然诗词文字简约，又增加了很多作者个人的感情色彩和主观臆想，真的去还原当时的场景也实非易事。但无论如何，还是给我们对了解玉山草堂留下了很重要的线索和依据。

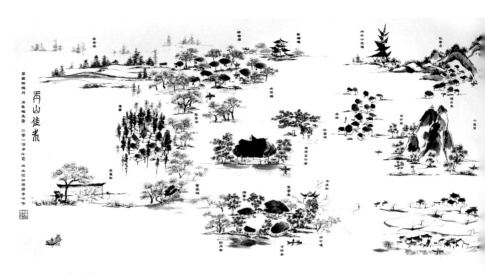

| 玉山佳处恢复设想
  来源：作者自绘

雅集酿昆曲

玉山雅集对昆曲的形成，起到了相当重要的作用。

在杨维桢的题跋中赞颂了顾瑛通"声律钟鼎古器法书名画品格之辨"，说明顾瑛对音律有很高的鉴赏能力，而杨维桢是吹奏笛子的名家，素有杨铁笛之美名，而题跋中提到的多位侍姬天香秀、丁香秀、小琼英等皆是能歌善舞之人，他们每日在一起研究音乐和唱腔，促使昆山腔在这里产生，以水磨之音成就了昆曲的发展。

产生于田园乡野的水磨调儿、玉山雅集彰显了人们对大自然原真美的热爱，同时反映了草堂重乡野、轻园林的设计思想。因此乡野景观园林更加在乎与大自然结合时表现出的意境和遐思，更加注重基于物境、情境的意境延伸。

来源：江苏省苏州昆剧院

唐代诗人王昌龄在《诗格》中写道："诗有三境，一曰物境，二曰情境，三曰意境"，尤为指出意境"亦张之于意，而思之于心，则得其真矣"。而玉山雅集正是对"真"的极致阐释，玉山草堂更加阐释了这种园林应有自然特征和雕琢方式，这种园林更加注重融入与景象的修饰。

如果说江南园林是士大夫造园，那么草堂或者乡野园林的做法更加注重对大自然的修饰和布景。诚如陶渊明所写："采菊东篱下，悠然见南山。"所谓悠然见南山，正是对如何布景的最好诠释。

| 玉山佳处之读书舍恢复
来源：作者提供

草顶木柱、溪上小室、简朴内敛、华而不奢正是对草堂的真实写照，这些文人更加在意山水田园的和谐，而可以用最为自然的材料，最为朴实的建筑形态，实现一个温暖而不简陋的家，然后自乐其中，忘记尘世间的烦恼复杂，置身于诗词歌赋的创作。

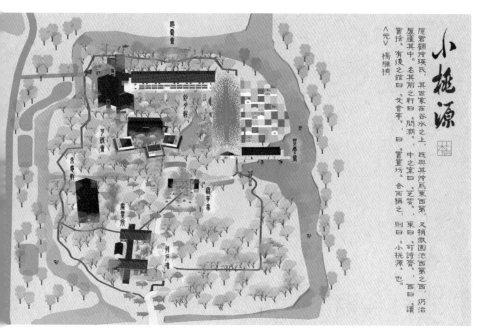

| 利用空间意境改造的小桃源规划
　　来源：作者自绘

草堂，或者说乡野园林，代表了中国文人对大自然最为原真的价值观，最朴素的建造态度，是基于田园生活的思考与创造。这种创造不是放任，依旧需要大量的财力和文人情怀，将原本的荒芜变成和谐的景致，将简单的山水草木变成诗与梦想。

| 乡野与建筑融合
  来源：作者提供

| 从田园延伸到建筑
  来源：作者提供

作者简介

郭海鞍

建筑学博士，中国建筑设计研究院有限公司副总建筑师，城镇规划院副院长；中国建筑学会村镇建设分会秘书长，常务委员；住房和城乡建设部农房与村镇建设专家委员会委员；全国历史文化名城名镇名村保护专家委员会委员；江苏省建筑文化研究会常务理事；天津大学、厦门大学、北京建筑大学客座教授；清华大学乡村振兴工作站专家委员；《城市建筑》《小城镇建设》编委委员。

水村山郭酒旗风

——绘画中的寺塔隐喻

薛　翔

　　佛教自汉代传入中国，寺塔建筑在中华大地上生根、茁壮。佛教塔寺凭借其精湛的造型，庄严的风格丰富了中国的山水风景，也成为历代文人墨客的寄情抒怀之地。"南朝四百八十寺，多少楼台烟雨中。"幼时背过很多诗，其中就有这首《江南春》。

　　与北方寺庙不同，江南寺庙在宗教的庄严肃穆下又多了一些温柔；北方寺院大开大合，南方寺院则多了几分婉转。这大概就是佛教所说的"因缘教化"吧。

| 鸡鸣寺
来源：视觉中国

来源：视觉中国

唐朝诗人张继的《枫桥夜泊》脍炙人口："月落乌啼霜满天，江枫渔火对愁眠。姑苏城外寒山寺，夜半钟声到客船。"寒山寺也借由此诗名扬千秋。

除此之外，还有很多包含"寺塔"意象的诗，"深山藏古寺""山寺钟鸣昼已昏""北固烟中寺"，但这些诗并不是纯粹地再现画面。

诗画言志，诗画也抒情。这些诗将画面中的多种景物按照情感的逻辑有序地组织在一起，由此来传达诗人的感情。

在绘画上也有诸多表现，汉代后期画像石中已经发现了大量与佛教相关的图像，也出现了与佛教有关的建筑图像。

画像石、画像砖是指表面雕刻出图像的石料，主要用于门楣、石窟、祠堂、墓室、棺椁以及石阙等建筑建造与装饰。由于雕刻手法的运用基于图像的绘画特点，故作品也呈雕刻出的绘画面貌。

| 栖霞寺
来源：视觉中国

我们知道，画像石盛于汉代，因此，画像石上的图像成为中国古代绘画较早的表现形式，也成为我们探求寺塔图像的源头。如四川什邡和青海平安县等地的佛寺和佛堂建筑图案。

来源：作者提供

莫高窟隋代第423窟窟顶《弥勒经变图》可以看到壁画中最早出现的佛寺画面，正中间一座五开间大殿，单檐歇山或庑殿顶，形象突出，大殿左右各立一座三层楼阁作为陪衬，三座建筑都是正立面，没有画出周围廊舍，所表现的应是寺院中最主要的一组建筑。

中间的大殿为主殿，两侧的三层阁楼为侧殿。可以看出画家是想要表现弥勒菩萨及其眷属坐立在佛寺之中的情境，佛寺的轮廓几乎占了画面的全部，配殿位于主殿后侧，与主殿有一部分交叠重合。

此时绘画技术还未成熟，没有将这一空间感表现出来。隋代壁画中虽然开始出现寺塔形制，但隋代的画家只想要将寺塔和佛像展示出来，还未考虑到绘画中的寺塔形制应该如何表现出真实感、空间感。

| 莫高窟隋代第423窟窟顶《弥勒经变图》
来源：作者提供

　　宋代王诜《烟江叠嶂图卷》中，崇峦叠嶂陡起于浩渺空旷的大江之上，空灵的江面和雄伟的山峦形成巧妙的虚实对比。奇峰溪瀑草木布局灵动，显得蓬勃富有生气。

| 王诜《烟江叠嶂图卷》
来源：作者提供

而寺庙在山间雾气中则好似悬空出现，将云雾弥漫的意境完全营造出来。描绘寺塔的用笔非常虚，仅仅可以辨认出寺塔的外形。

　　元代王蒙的山水作品多表现隐居生活，因此他的绘画中也常常出现寺塔形象，尤以《太白山图》最为明显。

| 王蒙《太白山图》（局部）
　来源：作者提供

此图以浅绛手法描绘宁波地区太白山、天童寺等地的自然风光。图中寺庙宏伟，山峦起伏，苍松葱郁，泉水蜿蜒，僧侣往来穿梭。

　　王蒙以朱砂为主色填染寺院图像，浓郁的色彩更加彰显了寺庙香火旺盛的场景。

王蒙对于寺塔形制的描画十分细致，屋顶瓦片、斗拱形制都清晰可见，但不同于两宋界画用极细的笔触来刻画建筑，他的线条稍见粗放，用墨较深，这恰恰与其厚重浑穆的画风浑然一体。

两宋至明清绘画中的寺塔形制由繁及简，由工致到写意。这与文人画参与山水创作有密不可分的关系，也是山水画发展的必然。

明代项圣谟《剪越江秋图》中，烟云缥缈，气象阔远。画面中没有巍峨耸立的高山，没有繁密重叠的密林，只有简淡的远山、弥散的云雾、零星的船只、隐蔽的村落和一座寺塔组合而成的衬景。观者心胸旷达，视线由近及远，层层推进。

| 项圣谟《剪越江秋图》
来源：作者提供

明代李在《山庄高逸图》中，寺塔与寺庙的形态出现了新的变化。画中寺塔是多层塔的经典寺塔样式，但没有位于寺庙中心，而是处于寺庙一侧，且屹立在旁边的山丘上，与寺庙不在一个平面内。利用在山脚下的寺庙作为远景，平坦的地面从前景延伸到了远山处，拉长了观者视野，营造了平远的意境，非常巧妙。

清代顾符稹《虎丘图》中，将苏州虎丘塔的宏大寺院场景作为绘画对象，画面展现出虎丘寺周围香火繁盛、寺塔众多的景象。顾符稹用笔细腻，着青绿色，远山浓雾，寺院建筑与树木相间，来往人群众多，或观赏美景，或前来进香，一派寺院教化、佛家禅韵的场景。

| 李在《山庄高逸图》
来源：作者提供

| 顾符稹《虎丘图》
来源：作者提供

此类描绘寺塔禅韵的作品在明清时期不胜枚举，人们可以通过绘画作品来观赏寺院美景，感受人群络绎不绝的盛世景象。

山水自然暗合宇宙之"道"，画家在追寻生命之"静"与"空"等人生况味的过程中，必然会注意到将"寺庙"建筑点缀与山水间产生的奇妙反映。

因此，寺塔形象的转变和发展也解读着画家的不同心绪，彰显着逐渐丰富的意境。

寺塔的形态，影响着山水画整体布局效果，从而给山水画带来不同的审美意趣，烙印在儒释道为核心的传统审美上。

作者简介

薛　翔

现任南京艺术学院教授、先声美术馆馆长。著有《新安画派研究》《髡残》《中国古玉》《中国古瓷》等。

南半园修复记

顾阿虎

苏州园林甲天下。2019年,苏州市园林局公布了城市中108座园林的名录,真是名副其实的"百园之城"。在苏州古典园林中,除了拙政园、网师园等列入世界文化遗产的"九大名园",还有众多鲜为人知的小园。其中,有两座以"半园"命名:位于古城北面白塔东路的陆氏半园,俗称"北半园";位于古城南面仓米巷的史氏半园,俗称"南半园"。南半园虽然名声不显,却早在1982年就被列为苏州市文物保护单位。南半园始建

来源:苏州民族建筑学会、苏州市香山帮营造协会、苏州香山工坊景原建设股份有限公司

于明代，数百年来，园主人几经更迭，园林亦伴随城市的建设和发展而变迁。2016年，南半园的全面修复工作启动，历时近5年，如今已基本完成，一座小巧精致的苏式园林即将呈现在大众的面前。笔者作为南半园修复工程的古建技术顾问，亲历了修复的全过程，体会颇深，因以记之。

考据古籍以溯沿革

南半园园址前身为陶氏宅园，园主系东晋田园诗人陶渊明的后裔。陶氏先祖从江西迁居安徽，明初在苏州定居。至清代乾嘉年间，子孙繁衍经商致富。后来遇咸丰年间兵祸，陶家开始败落。于是，将房屋化整为零租借给他人。《苏州园林》（同济大学出版社1991年版）记载："据传，乾隆年间为沈三白故居，清同治年间，初为俞樾所得……继为史伟堂得之。"但是，苏州市文物管理委员会主编的《吴中胜迹》（古吴轩出版社1996年版）则记载："南半园址原为一老宅，清同治年间先为俞樾所得，后俞樾在马医科购地建曲园第宅，遂将此处转让史伟堂。"

上面的文字中，有两处值得商榷。其一，文人沈三白曾经居住在与仓米巷相邻的大石头巷，但没有史料证明陶氏宅园的前身为沈三白故居；其二，俞樾是清代著名的经学大师。他当时并没有购下陶氏宅园，只不过曾经租房于此。俞樾的《半园记》，应园主史伟堂之邀而写，详细记载了园主建造半园的经过。文章开头即写："往岁，余卜宅于姑苏，得仓米巷老屋一区，议以千缗易之，而稍修葺焉。后得地于马医巷（科），乃罢前议。"这段话清晰说明：俞樾原来租借于仓米巷（陶氏）老宅，准备出资"千缗"（"一千文"为"一缗"），购买后略加装修。后来购下马医科的地块，才放弃了原来的想法。俞樾在马医科建造的宅园，即保存至今的曲园。而原来的陶氏宅园，后来为史伟堂购得后改建为半园。《半园记》对此也有记载："未几，复经其地，则石工、木工，咸集其门，筑之丁丁，声达于外。问之，则曰：史方伯所为也。逾年，而方伯果来访余于曲园，则伟堂史君也。"

史杰，字伟堂，号方伯，生卒年不详，江苏溧阳人。同治年间任江苏布政使，清代的布政使，乃"一省钱粮之总汇"，权力颇大。然而，任职期间，大权在握的史伟堂，秉公执法不徇私舞弊，政绩可嘉。执政之余，他还勤于撰文著书，有《半园思补图志》《史氏务本堂支谱》等。半园建成后，史伟堂感谢俞樾成人之美，多次邀请俞樾前往游园。俞樾欣然前往，并且应主人邀请题写"半园草堂"匾额。因园结缘，两人从此成为至交，堪称一段"园坛"佳话。

南半园建成于清代同治十二年（1873）。该园坐北朝南，南门在仓米巷24号，北门在大石头巷25号。

仓米巷旧史宅半园入口
entrance to Banyuan of Shi's residence

来源：苏州园林保护监管中心

20世纪50年代后南半园入口
来源：苏州园林保护监管中心

园内因地制宜，布局为"东宅西园"。东部为住宅区，西部为花园。东部住宅区，又布局为东西两路。西路为正路，东路为偏路，两者之间以备弄相隔。西路共五进，从南到北，依次布局为门厅（头门）、轿厅（茶厅）、大厅（正厅）、内厅和楼厅。一反常态，五进厅堂均为五开间。其中的大厅面阔20米，进深七檩15米。东路共五进，从南到北，依次布局为偏厅、对照花篮厅（两进）和两进后厅。西路和东路的各个厅堂之间，均设置通风采光的天井。俞樾应园主史伟堂之邀参观后，写下《半园记》感叹："登其堂，藻室华橡，绮疏青琐，赫然改观。"采用香山帮建筑技艺营造的厅堂，美轮美奂，令俞樾啧啧称赞："地果以人美乎……其能崇丽如斯哉？"

民国初期，史氏后人因家境衰退，经济收入减少，采取"以园养园"方法。于是，南半园一度对外开放，游人纷至沓来。后来，考虑到人多容易产生安全隐患，就不再对外开放，而是出租园内的部分屋宇。但出租的对象，仅限于本地的社团组织。当时，受"五四运动"新思潮的影响，群众自发成立的社团组织不少，尤以文学社团为多。闹中取静的南半园，是设立社团的理想场所。隐社、半园女诗社、女学研究会均设立于此。隐社是纯文学社团，以研究古代隐逸文化为主。半园女诗社和女学研究会，以进步女青年为骨干。她们以诗歌为武器，反对封建礼教，提倡男女平等，在园内举办多种吟咏活动。当时在社会上影响较大的还有陆鸿仪设立在园内的律师事务所。

1949年新中国成立后，南半园收归国有。当时百废待兴，为了经济建设，改善民生，急需建厂发展工业生产。南半园内，先后建起轴承厂、第三光学仪器厂等。1975年，园内北部沿大石头巷建造四层大楼，并辟建北门。工厂搬迁后，南半园内辟建宇鑫科技创业园，有十几家公司进驻。然而，昔日的南半园却已面目全非，往日风采名存实亡，亟待修缮。

寻踪图录以识旧貌

有关南半园的史料虽不少，但是文人的叙述多写意而少写实，真正能用作修复工作借鉴的很少。所幸20世纪50年代，同济大学陈从周教授带领学生前来苏州调查园林和古建筑，在编绘的《苏州旧住宅参考图录》中，载有南半园的平面图资料，为今天修复南半园保留了可靠依据。1979年，南半园以其相当可观的历史文化价值，被列为苏州城市总体规划的古典园林修复项目。1980年，苏州市文物管理委员会、市城建局与市园林管理处联合报告，提出保护修复南半园的措施。1982年，南半园列入苏州市文物保护单位名录。1984年，东路的对照楠木花篮厅得到修复。

2016年，南半园的全面修复工作启动。修复范围总面积为2238.5平方米，其中新建面积850平方米。对照陈从周先生的《苏州旧住宅参考图录》中对"仓米巷旧史宅半园"的记载，现场勘查，发现南半园住宅西路五进尚存、东路五进仅存三进。西部花园中，半园草堂和部分走廊尚存，其余都不复存在。对此，笔者和南半园所有者苏州创元集团达成共识：南半园的修复，是在保留其原有修缮建筑的基础上，对景观进行梳理，拆除改建、搭建部分建筑。修复原则是："依据《苏州旧住宅参考图录》记载的南半园平面图，力求还原南半园的精致、小巧和苏式庭院的韵味、方寸山水间的意境。"

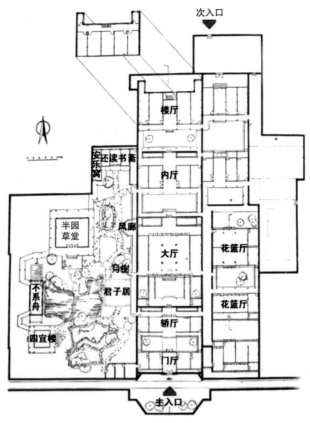

| 南半园平面图
　　来源：《苏州旧住宅图录》

修复古建筑的方法，依据受损状况一般分为三种不同类型：原状恢复建筑，即揭顶不落架；复原修缮建筑，即落架大修；按原样在原址复建。根据南半园的受损状况，原状恢复建筑为：正路的门厅、轿厅、大厅、内厅、楼厅，以及偏路的偏厅、南北对照花篮厅。复原修缮建筑主要为西花园半园草堂。按原样在原址复建，主要为花园的景观建筑，并且重新疏池理水、栽花植木、叠石掇山。为了尽可能最大限度保护古建筑的原真性，我们经过评估，将原来准备落架大修的半园草堂，更改为原状恢复项目。如此，更好更完善地保存了古建筑遗构，保留了不可多得的原真性历史信息。

《中华人民共和国文物保护法》第二章第二十一条规定："不可移动文物进行修缮、保养、迁移，必须遵守不改变文物原状的原则。"这就是古建筑修缮的原真性原则。对此，我们将其细化为"四项基本原则"：遵循原形制、坚持原结构、按照原工艺、采用原材料。下面各举一例说明。

其一，遵循原形式风格复原：与众不同，东路住宅的南北对照花篮厅，并非一模一样的"双胞胎"。其中的北花篮厅，是一座鸳鸯厅。其形制，一侧为方柱扁作梁，另一侧为圆柱圆堂，两者相映成趣。我们在修复过程中，完整保留原有形制。

其二，坚持原结构风格维修复原：西路的各进厅堂，以前被企业单位

| 西路住宅断面图
　　来源：《苏州旧住宅图录》

阅江南·筑

041

占用时，被随意分隔使用。对此，我们毫不留情拆除了改变内部结构的分隔墙体和装修装饰，彻底恢复原状。

其三，按照原工艺维修复原：南半园的古建筑，均为苏州香山帮传统建筑。

对此，我们按照香山帮营造技艺修缮。门窗等木结构构件，依然采用传统的榫卯结构。山云抱梁云、棹木、长窗等木雕，采用传统的线雕、浮雕、镂雕等技法，图案以传统的吉祥花草为主。

其四，采用原材料修缮。修复中，屋檐破损的黛瓦揭去后，仍用相同规格的传统小青瓦和花边滴水瓦代替。厅堂的铺地，采用做旧的方砖。方砖为苏州历史悠久的陆慕（原陆墓）御窑所产。油漆，也使用传统生漆调制。

| 修复现场
　来源：作者提供

修复现场

来源：作者提供

原汁原味修复，"接柱脚"堪称一绝。南半园厅堂内的一些木质立柱年久失修，柱脚出现开裂现象，有的已经腐烂。修复时，笔者对工匠进行指导，阐明修复工艺。这就是：将柱脚腐烂部分锯掉挖去，接上相同形状的"替身"木料。替身和原柱相应部位的结合，采用传统的榫卯结构。如此，两者结合天衣无缝。其技法根据不同的结合需要，分为"马牙榫接法""如意榫接法""香炉脚榫登接法"多种类型。一些年轻工匠通过亲身实践，受益匪浅。

柱脚接法
来源：作者提供

修复原貌以续神韵

南半园的西部，原来是一处庭园，具有城市山林的独特韵味。20世纪50年代以来，园内假山、池塘、花木等景观因建造厂房均已毁弃，只有半园草堂硕果仅存。根据俞樾的《半园记》记载，以及《苏州旧住宅参考图录》中有关图录，我们决定原汁原味恢复园林景观，重建不系舟、四宜楼、还读书斋、安乐窝、月榭、君子居、双荫轩等景观建筑。在施工中，如何因地制宜，既遵循历史传统又尊重当代现实，与时俱进创新，考验着修复者的智慧。对此，有两个案例可以佐证。

其一，重建四宜楼。四宜楼原来是园内最高的一处景观建筑，高达三层，适合登高望远。俞樾《半园记》明确记载："有楼屋三重，其下层颜以四字'且住为佳'；中曰'待月楼'；上曰'四宜楼'。凭栏而望，则阖庐城中万家烟火，了然在目矣。"如今，南半园周边建有多座高楼，四宜楼所处位置已失去登高赏景的功能，没有必要按原样重建。因地制宜重建后的四宜楼，缩减为两层，反而与周边景观协调。

其二，重建不系舟。原来的不系舟形制，在有关史料中未见依据。重建的不系舟形制，应该采用写实的船舫还是写意的船厅？经过讨论，决定采用传统的写意手法，根据地形采用少见的廊式船厅形制，成为庭园景观的一大亮点。此外，对于庭园水池开挖的具体位置、镶嵌的铺地图案、假山

堆叠的态势，石桥架构的高度、栽植花木选择的品种，都一一做出了精当的安排。别具一格的牡丹花圃，更为庭园增色不少。

刻制楹联以彰人文

苏州古典园林的厅堂上的匾额和楹联，不仅是园林风貌特色的高度凝练与概括，更是园主人生理想、审美情趣的表达，具有深厚的文化内涵。悬挂在住宅厅堂正中的木制匾额，往往题写三字堂名；悬挂在厅堂两侧立柱上木制或竹刻的楹联，则常与园林景致相呼应。但令人费解的是：翻阅有关南半园史料，庭园内的景观建筑都有题名，如双荫轩。但住宅厅堂却未见题名。厅堂楹联，也仅剩三副。为了彰显古典园林的厅堂文化与楹联文化，为园林赋予人文的底蕴，经笔者推荐，聘请了苏州文史专家何大明，担任南半园修复工程的景观文化顾问，负责撰写厅堂的题名和楹联。

何大明认为：厅堂题名和楹联，可以从俞樾《半园记》中汲取灵感引经据典，以园主"知足不求全"的造园理念为主旨，并且结合与南半园有关的名人名事加以补充完善。经过稽古钩沉，最后撰成堂名十题。

西路各厅堂 门厅——隐苍堂：园林多为文人雅士的隐居之地。位于古城中心仓米巷的南半园，是一座典雅的城市山林。堂名利用谐音方法，不但暗含园主隐居的地址，也寓意南半园是苍翠葱郁的世外桃源。因此，以"隐苍堂"命名。轿厅——进道堂：俞樾在《半园记》中，称赞园主史伟堂"而君进乎道矣。"这里的"道"，是指园主从老子的《道德经》中，感悟"知足知不足"的人生真谛。因此，以"进道堂"命名。大厅——守半堂：大厅反映园主造园的宗旨。俞樾《半园记》称赞史伟堂

"甘守其半，不求其全"。因此，以"守半堂"命名。内厅——知足堂：园主史伟堂建园量力而行，以"知足"为宗旨。俞樾《半园记》中引用老子《道德经》原话"知足不辱"，称赞史伟堂"此君之知足也"。因此，以"知足堂"命名。楼厅——双贤楼：南半园园址前身为陶氏宅园。园主系东晋田园诗人陶渊明的后裔。俞樾是园主史伟堂的好友，为南半园写《半园记》。为了纪念，因此以"双贤楼"命名。

东路各厅堂　偏厅——弘法室：民国时期，大律师陆鸿仪曾经在南半园设立律师事务所。他办理的"七君子案"，弘扬正气为世人称赞。为了留下这一宝贵的法治文化遗产，不妨利用偏厅设立弘法室。南北花篮厅——和调馆、谿盎馆：俞樾在《半园记》中，对园主史伟堂虚怀若谷的人品给予高度评价："其人和调而不缘，谿盎而不苟。"为此，以"和调"与"谿盎"这两个颇具书卷气的词汇来命名南北花篮厅。南北厅堂——荫甫斋、五柳斋：南厅堂和北厅堂都是这次修复时在原址维修的厅堂。南厅堂取名"荫甫斋"，是为了纪念俞樾曾经寄居于此。俞樾，字荫甫。北厅堂取名"五柳斋"，是因为园址原为东晋陶渊明后裔所建陶氏宅园。陶渊明，号"五柳先生"。以两位名人的字号来命名厅堂，顺理成章。

南半园厅堂增添的四副楹联，也体现了南半园的地理位置、园主情趣、历史典故等特色。楹联的音韵平仄，采用宽对方法。同时，还运用反复、借代等修辞手法。它们是：

进道堂

以少少境胜多多境

为半半情达全全情

知足堂

知足而不求园满知足常乐

抱残乃无愧景盈抱残尽欢

双贤楼

有幸得柳遗韵篱下寄闲趣

相逢感榆雅文竹里悟人生

半园草堂

仓米半园且留湖光山色

大石伟堂自赏画意诗情

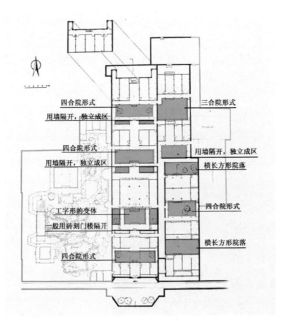

| 庭院分析图
来源:《南半园修复规划设计方案》

南半园修复工程，是一个集古建修复、景观绿化、水电安装、消防配备、文化植入，以及包括周边环境整治等在内的综合工程。如今，南半园修复工程已进入尾声。对此，建设单位、设计单位和施工单位三方达成共识一致表示：修复工程不但要完全合格通过验收，还要争创"优质创杯"工程，使南半园成为古典园林原真性修复的一个典型案例。

作者简介

顾阿虎

高级工程师、国家园林古建技术名师、国家注册一级建造师，国家首批文物施工技术负责人，中国非物质文化遗产香山帮传统建筑营造技艺代表性传承人。江苏省建筑文化研究会会员，联合国教科文组织亚太地区世界遗产培训与研究中心古建筑保护联盟苏州世界遗产与古建筑保护研究会执委/理事，苏州国家历史文化名城保护片区规划师，苏州古城投资建设有限公司古建技术顾问。

巧做叠嶂方寸间
——扬派叠石与造山

方　惠

　　扬州园林历史悠远，至清代，扬州名园比比皆是。瘦西湖两岸园林成二十四景，并形成完整的船游赏景线。谢溶生曾描述清代扬州面貌："增假山而作陇，家家住青翠城闉；开止水以为渠，处处是烟波楼阁。"(《扬州画舫录·谢溶生序》)

| 扬州个园
来源：《江苏古典园林实录》

刘大观也曾言："杭州以湖山胜，苏州以市肆胜，扬州以园亭胜，三者鼎峙，不可轩轾，洵至论也。"（《扬州画舫录·城北录》）。扬州以园亭胜，园亭又以叠石胜，扬派叠石堪称中国叠石造山之典范。

中国叠石根据地理位置的不同和类型的区别分为南北两派。北派以皇家园林为代表，南派则以江南私家园林为代表。江南私家园林又分为苏派和扬派。苏派以苏州为中心，扬派晚于苏派，产生的经济基础是明清时期发达的两淮盐业。可以说，造园的兴盛是和经济技术紧密联系的，经济富裕了，造园才会兴盛。

| 昆石：掬云
来源：远望堂 藏

名匠汇聚　清代扬派叠石之盛

清代的扬州，盐商富可敌国，他们倾其财力、物力，广聘社会名流、文人画家、能工巧匠在扬州大兴叠石造园，一度吸引了南北堆山匠汇聚扬州，他们互相影响、取长补短。在这一段时期，张南垣、计成、戈裕良等造园名家均在扬州留下了经典作品。在此，南方匠人受北方雄浑风格的影响，北方匠人受南方秀气风格的熏陶，从而形成了扬派叠石"南秀北雄兼备"的造园特色。

扬州何园
来源:《江苏古典园林实录》

叠石讲究因地制宜。造园家戈裕良在扬州造的秦氏意园小盘谷假山，在苏州造的环秀山庄假山，这些假山的技法和造型变化很大，却都能和当地的地理环境和建筑风格浑然一体。

史书记载，张南垣在江浙叠石造园五十余年，称张南垣为江南叠石流派的代表人物当不为过，但他又曾奉诏建瀛台、玉泉、畅春园、怡园等大量皇家叠石造园，"北园南意"成为北方皇家园林品味高下的评判标准。

　　清代，苏州匠人到了扬州以后，会结合扬州当地的造园技法以及园主人的想法造园。当时扬州园主多为徽商，深受黄山的影响，喜欢黄山的气势和境界。正因园主人的这种审美，扬州叠石与苏州相比，山意更浓。

　　除了堆山以外，苏州园林的假山顶上都喜欢用树来衬托石头的各种形状，如苏州的狮子林，但是这种手法在扬州却难得一见，这也和扬州园主的审美意趣相关。

　　总体上，扬派叠石整体造型讲究大进大出，大开大合，追求潇洒飘逸之美。这既迎合了扬州盐商奢靡攀比的心理，又反映了当时扬州在政治、经济、文化、艺术和技术成就上独树一帜的风格。

| 苏州环秀山庄
来源：《江苏古典
园林实录》

叠石的种类与造型技法

无石不成园，堆山叠石被称为园林的"骨"，在园林造景中是极其重要的一环。扬派常用的山石材料常通过水路自外地运入，品种较多，常用的石种有湖石、黄石、宣石、灵璧石、石笋石和花岗岩条石等。湖石以安徽巢湖和江、浙、皖交界处的长兴一带为主，石色偏灰墨，石纹多褶波，孔洞兼之；黄石主要取自江南一带，与苏派所用黄石大体一致；宣石取自安徽宣城，石色白，外形棱角不如黄石分明；石笋又名白果峰，以高、粗和白果状均匀、饱满、清晰为上；花岗岩条石则作为叠石造型骨架的重要辅助材料。不同的天然山石，因造型、手法呈现不同的审美特征。

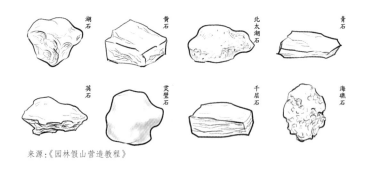

来源：《园林假山营造教程》

横纹拼叠

将石料呈横状层层堆叠变化，是扬派叠石技法的基本特色。一般来说，石形成横向变化时，则石的纹理脉络也多呈横向变化，这样，石与石的拼叠缝也呈横向变化。横纹拼叠山石可以表现出山石造型体态的流动感，也利于造险取势。

挑飘手法

为了增强横纹拼叠山石造型的动势和险势，扬派在叠石中还使用了大量挑飘手法，即从山体中伸出一长条状石为挑，在其顶端再横置一石为飘，使山石造型有飘动之势。

条石为骨

充分利用花岗岩坚固不易断的特点，将其加工成长条形为骨架穿插运用在山石造型之中，而后再用小片山石加以包裹，使之从外观上看不到条石，从而创造出山石造型大进大出、大开大合的变化和气势，如扬州个园、小盘谷等都是条石为骨的佳作。此外，条石又用于山洞封顶。

取阴造势

山石拼叠十分讲究内收而后突兀的阴面形态。叠石造山或以山洞取阴得其深远，或先凹后凸以阴造险，甚至尽可能利用树荫、建筑背阴等暗处进行布局造型，以增加藏、隐变化，忌孤立暴露。

| 拙政园远香堂南黄石叠法
来源：《园林假山营造教程》

分峰用石

因盐商多争奇斗艳，常在一个园子中使用不同性质的石料造景造园，由此催生了扬派分峰用石造型技法的成熟。

| 春景　石笋插入竹林中
　来源:《江苏古典园林实录》

| 夏景　湖石叠于池畔
　来源:《江苏古典园林实录》

秋景　黄石堆叠假山
来源:《江苏古典园林实录》

冬景　雪石堆叠雪狮
来源:《江苏古典园林实录》

如扬州个园虽同时使用了石笋、湖石、黄石和宣石等石种，却多而不乱，一应点景统筹安排，分峰用石，叠石造山。石笋置于竹丛中为春意，湖石置于园西为夏景，黄石安排园东为秋色，宣石独辟一隅为冬景。四种石料创四季境界，分中有合、合中有分，石断意连、周而复始……扬州个园也因此享有四季假山的美名，成为中国四大名园之一。

石以"丑"为美，山贵有气势

"石性"与"山性"是叠石技法中的重要考量。叠石作为一种造型艺术，既可以用于造景，也可以用于造园。既可以用于造石，使小石变形态、变大石，也可以用于造山，使石形变山形。

| 湖石立峰
来源：《江苏古典园林实录》

山石的石性包含"石之形"和"石之态"。"石之形"，即山石材料外在的形象及其所表现出的物理属性，如外形、重量、品种、质地、纹理、色泽等自然属性。"石之态"，即通过山石外在的具体形态和色泽所表现出的内在气质，如灵秀、雄劲、古拙、飘逸等。

湖石立峰讲究瘦、皱、漏、透、奇。瘦指山石竖立起来能孤持无倚而成独立状；皱指山石表面纹理高低不平，脉络显著；透指山石多洞眼，有的洞眼还能对通；漏指石连的洞能贯通上下；奇指山石的外形变化大，奇形怪状。相传一块好的湖石立起来不但瘦、皱、漏、透、奇具备，形态高大奇特，生动优美，而且如果在其石底部——石洞中点一柱香，则能洞洞皆有香烟缭绕而出。

石之形是石的外在形象，石之态为石的内在精神。审美相石，传统上是以"丑"为标准的。"东坡曰：'石文而丑'，一丑字而石之千态万状备也"（《江南园林志》）。"湖石以丑为美，丑之极则美之极"（《文心雕龙》）。

当然，除了知石之形，识石之态，在相石拼叠技法中，叠石与造山的审美标准也是不同的。

湖石是以"丑"作为审美标准的，多用于石类造型，包括峰石造型是可以的，但用于造山则不能再以此作为标准了。石形与山势如同天平的两头，中间是"石性"，如何保持其平衡关系，使所造之山既能保持其石性中的石的自然属性，又能表现出山的气势和精神，在扬州叠石造山技艺中

片石山房
来源：视觉中国

是极其重要的。

当下扬州何园中的"片石山房"假山用湖石堆叠。主山的拼叠一味是叠，少见人工技巧，不挑不飘，山势却陡峭险峻。山洞内壁全用砖砌并用石灰刷白，体现了中国传统造山可观、可游、可居的"天人合一"的思想。

山含石性，石在山中。

石助山势，山藏石趣。

雅俗共赏，既有景可供静观，又成园利于游赏。

有境、有意，这便是真正意义上的扬州传统叠石造园技艺。

参考文献

[1] 方惠.叠石造山的理论与技法 [M].北京：中国建筑工业出版社，2005.

作者简介

方　惠

江苏省非物质文化遗产扬州园林营造技艺代表性传承人、扬州市非物质文化遗产项目扬州叠石代表性传承人，从事扬派叠石四十余年，曾参与扬州个园、史公祠、普哈丁墓、无锡荣毅仁故居、蠡园、友谊饭店等园林假山的修复和新建工程。1992年起，受邀到多个大专院校讲授叠石造山课程，出版著作：《叠石造山》《叠石造山法》(与郑奇合作)等。

阅意南

阅江南

曲韵园境
——江南文化的境界表达

张应鹏

江南是园林，也是昆曲。

如何理解"昆曲是流动的园林，园林是凝固的昆曲"？

来源：环球昆曲在线

"昆曲是流动的园林，园林是凝固的昆曲"可能是由黑格尔的话转译而来。黑格尔曾这样提示音乐与建筑的关系："音乐和建筑最相近，因为像建筑一样，音乐把它的创造放在比例和结构上。"的确，建筑作为一种造型艺术，它不是钢筋、水泥的简单堆砌，它能激起同听音乐相近的情感反应，而在音乐中，我们能从它的形式美里把握住某些建筑的因素。

昆曲与园林同源苏州，基本都在明清两代达到顶峰，两者分属两个学科，并没有固定的关系。如果你把它们纳入一个江南文化体系里去，在这个体系下把园林与昆曲做一个并置，我们可以这么说，昆曲是以戏曲的形式传播文学，而园林是空间的语言书写文学。昆曲是属于文人的戏曲，是超越普通戏曲的更专业的戏曲；园林是属于文人的建筑，是超越普通建筑的更文艺的建筑。

它们两者之间的另一个共同之处是非大众性与精英化。它们都是文化金字塔顶尖上的东西，昆曲和园林是不同艺术形式在同一发展状态下的集大成。

昆曲有词牌、曲牌、格式，昆曲的每一个词、字都特别讲究，某种程度上讲，昆曲首先是文学，如《牡丹亭》《西厢记》等，它们的词都有严格的格式与曲牌。玉山雅集的成熟时期，陈阿九在昆山集聚了一批最顶尖的"文人"，除了讨论诗词、研究学术，昆曲也是一项重要的娱乐方式，他们还会因此专门建一个"阁"，如拙政园卅六鸳鸯馆、网师园濯缨水阁，以此承担演戏的功能，逐渐成为文人间的一种高雅消遣。

卅六鸳鸯馆

来源:《江苏古典园林实录》

网师园濯缨水阁
来源:《江苏古典园林实录》

再往前追溯，过去的诗词主要靠吟唱传播，唐诗、宋词、元曲都是如此，所以它有格律。古曲之所以有格律，也是因为便于吟唱。到了明朝，民间更是出现了多种音乐形式。明朝之前，南曲与北曲是有一定区别的，后来经过魏良辅的改良，将北曲融合进南曲，奠定了现在昆曲的基调，魏良辅也被誉为昆曲的鼻祖。

昆曲与建筑的关系也如文学与建筑、哲学与建筑的关系，虽然分属两个学科，但其实是贯通的。只是在某些文人身上，正好他同时兼具多种身份。李渔就是一个比较有代表性的人物。《闲情偶记》中就有很多关于园林、美食、昆曲的内容。又如文徵明，他也是文人，琴

来源：应志刚 摄

棋书画都会，但他也是会参与一些园林设计。过去中国
有匠人但没有建筑师，园林空间本质上都是文人空间。

　　昆曲和园林作为并置的江南文化代表，是否存在一
些共通点？它们是怎样体现江南文化的精髓？有没有将
两种文化融合得较好的园林式建筑？

　　李渔就是集文学、戏曲（主要是昆曲）与（园林）空
间的集大成者。近代如同济大学的陈从周教授，他是一
个园林学家，也很喜欢昆曲，这说明了文人之所以为文
人，是因为他能在昆曲中找到与其欣赏水平和知识结构
相关联的某一种艺术高度。在这个高度上，昆曲是戏曲

来源：卞文涛 摄

中的戏曲，园林是建筑中的建筑，一个是戏曲中的精华，一个是空间的精华。把昆曲放在同园林并置状态上来讲，昆曲极其华丽，用词美到极致。园林的屋顶、掾口、台基、木雕、砖雕，也一样极其华美、精致。

如果我们必须跟空间去做一个回应的话，譬如苏州园林内的九曲桥或者连廊，如果追求简单，从一个地方到另外一个地方拉一条直线是最简单的，但是园林里永远没有"直线距离"，它一定是弯来弯去的，这就是所谓的"移步异景"。这个过程就是让你去品味其中每一个点的变化，从而产生人与空间的交流，这与昆曲的"一唱三叹"类似，随时处于一个变化的过程。从这个方面来看，欣赏昆曲与欣赏建筑，其实有很多方面都是类似的，尤其是园林。

现代主义建筑讲功能，主要是解决功能，越简单直接越好，但江南

| 网师园
来源：《江苏古典园林实录》

文化显然没那么直接，它更讲究韵味，就某种东西说江南文化是讲不清、道不明的，但是它需要靠这种外物去体悟，从而丰富江南文化的层次，其中就包括昆曲。

昆曲是有层次的，是集音色、舞美、服装、舞蹈为一体的综合艺术。它首先讲词，然后讲唱，另外还需服装、舞蹈的配合，姿势、手势、身段的讲究更是必不可少，所以它能成为"百戏之王"。建筑也是有层次的，空间是一种语言，木头、石头也是一种语言。还有一层，比如园林中有画，中国传统文人大多同时是书画家，园林是按照画家的构图来营造的；再深层次，生活方式也是一种哲学，这种哲学来自于中国传统文人，它起源于对生活的一种追求，

| 罗杰尹 绘
来源：江苏省首届"丹青妙笔绘田园乡村"活动 二等奖

这种追求来源于中国传统的农耕文化，是依附于大地成长起来的。农耕文化最高境界是什么？是归隐，归隐山水，所以形成了中国的山水画。山水画的文人初衷是寄情山水，所以它描述的都是山水，包括园林。园林是一个模拟山水，是假山水，这说明了江南文人对山水的依赖、依恋程度很深。

该如何理解以苏州为代表的江南文化？大众文化盛行的当下，又如何在新的文化语境下谈江南建筑？

昆曲并不是在街头巷尾随时表演的大众艺术，过去的昆曲很多是家班，是富人大户的私藏艺术，同样园林也不是普通人家的居住空间，园林是文人，而且是大户文人的生活与精神的共同寄生场所。园林是寄托情怀的生活空间，昆曲是述说情怀的文学空间。过去的苏州一直在对标上海、深圳发展经济，但经济发展的同时，文化也要跟上。

苏州文化是江南文化的代表，我认为江南文化有这么几个特征：第一是文人性，江南文化包含着一种闲散、安逸和一点自我陶醉，这是区别于其他地域文化的显著特征。第二是地域性，江南的山水细腻精致、委婉，生成某种气质。昆曲并不是地方戏。魏良辅是北方人，他有一个大文人的胸怀，他觉得应该创造的是一种中国文人戏，所以他把南曲和北曲结合建立了昆曲的基调。如果从这种格局讲江南文化，那就是融入其他文化的包容性，这是江南文化的第三个特征。从这个角度，我们可以基于江南历史的沉淀思考当下的文化需要。

今天讨论江南文化还有一个意义。当年徽班进京让京剧变成了国剧，但也间接导致了昆曲的落寞，这说明大众文化有时比高雅文化有更强的生命力。未来的江南文化是一种大众文化还是精英文化，我认为两种一定要并存。

前段时间，有个昆曲演员的朋友跟我讲了一段话，就挺有启发。本身她是一个昆曲演员，最近她开始在演苏剧，她觉得苏剧比昆曲更鲜活，她可以在苏剧找到自己并演绎自我，但昆曲只能尽量接近它，很难超越，这就像江南园林，明代就已经达到了一个相当成熟的艺术高度。

白先勇先生策划的青春版《牡丹亭》广受好评，媒体称让戏迷的年龄普降30岁，如何让昆曲、江南建筑等传统文化形式鲜活起来？

大众文化的传播是一个无可否定的事实，但传播与接受是两件事，所以白先勇后来在昆曲改革中一个重大举措是挑选年轻漂亮的昆曲演员。过去的很多昆曲演员是男演员，年龄偏大，虽然唱、演俱佳，但在视觉传播的形象上就受很大影响。建筑也存在这个问题。它第一步需解决功能问题；第二步需形式、比例、色彩好看；第三步还要有文化，承担社会责任，解决社会问题。一个好的建筑应该同时具备这几个层次，你如何去传递这些东西，那就需要建筑师的坚守。当代需要的设计师或者建筑师应该要有对社会的理解、责任承担和自我追求，要有文化的根基，让你的空间本身有文化支撑，否则，建筑就不叫建筑，而是房子。

优秀的表演艺术家最后都不是演别人，而是在演绎自己，演绎自己对剧本与生活的理解。优秀的建筑也一样，首先是专业的基本功，然后是创新与超越，最后还是自己对生活的理解，对社会的责任和担当。当我们被既有的技术体系、思维方式遮蔽，好的艺术家、文学家会帮你揭开这个幕，他可以再去寻找一些新的东西，所以说艺术家是可以和上帝握手的，是可以去唤醒成见的。

当空间成为城市生活的需要，我们如何在过去与现在寻求当代文化的发展，让昆曲、园林或者说

建筑、空间回归大众，回归生活？

　　昆曲与园林，一个是内容上的音乐，一个是形象上的空间，都不是生存的基本条件，它是在基本的生活问题解决之后更高的精神与文化需求。现在讲江南文化，是我们国家经过改革开放发展到现在，在满足物质需求之后对文化和精神需求提高了。1995年苏州干将路改造时，为了解决当时的城市市政问题，把三四米宽的干将路拓宽到现在50米宽。27年过去了，苏州城地下有地铁，周围有环道，很多职能部门和医院外迁，在新的条

件下，我提出了一个新概念"缝合与复兴"，把干将路改造成具有步行功能的空间，成为人与人之间交流的公共场所，承担日常生活、文化展示和生活品牌的功能。干将路修复以后，整个干将路变成了一个立体园林，重新回到了城市中间，实现了从私家园林到旅游景观再回归真正的城市所共有的园林。

第一，人是空间的主体，而不是被汽车占有，这个时候城市才是鲜活的；第二，有了公共场所就有公共活动，有了公共活动就有休闲人群，昆曲空间就是典型的休闲空间；第三，在休闲中能够生发出新的创新。创新不是在高度压力下出来的，或者不全是，很多创新是在交流中，在闲情时"溢"出来的。我的很多设计都是在听昆曲的时候因为放松而想出来的，从另一个角度来说，其实我们所有的努力是在为自己争取闲暇时间，闲暇本身不是无聊，它是生活的另一种境界，或者说它才是生活的最终目标。

苏州的老街小巷里，常飘出评弹艺人的吴侬软语。

作者简介

张应鹏

九城都市建筑设计有限公司总建筑师，东南大学兼职教授，江苏省设计大师。作品多次荣获中国建筑学会建筑创作大奖、全国优秀工程勘察设计行业奖、江苏省城乡建设系统优秀勘察设计奖、世界华人建筑师协会设计金奖等国内外建筑设计大奖，2006年入选《中国青年建筑师188人》，2013年入选《时代建筑》评选的60年代生的中国优秀建筑师。

魅力江南的"器"与"道"

胡阿祥

一

关注"江南"研究的学人，是幸福的，因为时常会有发现、会有惊喜。此话怎说？比如2020年金秋，我到天水、陇南行走了十天；2021年元月下旬，我在写着《"宁夏"地名丛札》。在天水，我颇见"江南"店招，因为天水有着"陇上江南"的称呼，在陇南，我又见不少饭店大堂里悬挂着"早知有陇南，何必下江南"的广告；又尤其写着成文长达16000多字的有关"宁夏"地名时，我有两个时辰，随着"塞北江南"的美称而分散了注意力，一番查考之后，我在讨论"宁夏"地名的文章开头，竟也做了个预告："至于'塞'的含义、'江南'的象征以及由'塞北江南'而'塞上江南'的演变过程，则拟另篇探讨"……

如何"另篇探讨"呢？因为令人惊喜的重要发现。晚唐韦蟾《送卢潘尚书之灵武》诗云：

贺兰山下果园成，**塞北江南**旧有名。水木万家朱户暗，弓刀千队铁衣鸣。
心源落落堪为将，胆气堂堂合用兵。却使六番诸子弟，马前不信是书生。

| 拂水山庄全图

来源：《江苏古典园林实录》

据此，早在晚唐时代，远在西北的贺兰山下、今宁夏吴忠市一带，竟然已有了"塞北江南"的习称。而再追溯上去，既然韦蟾诗云"旧有名"，那么"塞北江南"的得名应该更早。早到什么时候？北宋初年乐史的《太平寰宇记》卷三十六灵州"风俗"："本杂羌戎之俗。后周宣政二年破陈将吴明彻，迁其人于灵州，其江左之人崇礼好学，习俗相化，因谓之'塞北江南'。"按此事也见于其他史籍，如《周书·武帝纪》：宣政元年三月"上大将军、郯国公王轨破陈师于吕梁，擒其将吴明彻等，俘斩三万余人"，《周书·王轨传》："明彻及将士三万余人，并器械辎重，并就俘获。陈之锐卒，于是歼焉"，《陈书·宣帝纪》：太建十年"二月甲子，北讨众军败绩于吕梁，司空吴明彻及将卒已下，并为周军所获"，《陈书·吴明彻传》："众军皆溃，明彻穷蹙，乃就执"，又《资治通鉴》卷一百七十三："王轨引兵围而蹙之，众溃。明彻为周人所执，将士三万并器械辎重皆没于周"，等等。如此看来，早在北朝末期，即北周宣政元年（578）稍后，随着"江左"即江南战俘被迁灵州，灵州（治今宁夏吴忠市北）由此"习俗相化"，也变得仿佛江南的"崇礼好学"了，于是得名"塞北江南"。

值得注意的是，又不仅"崇礼好学，习俗相化，因谓之'塞北江南'"，我还见到一条稍晚于《太平寰宇记》的记载，北宋仁宗时，曾公亮、丁度的《武经总要》前集卷十九：

怀远镇，本河外县城，西至贺兰山六十里，咸平中陷，今为伪兴州。旧有盐池三，管蕃部七族，置巡检使七员，以本族首长为之。有水田果园，本黑连勃勃果园。置堰，分河水溉田，号为"**塞北江南**"，即此地也。

　　按"黑连勃勃"，即十六国时期夏国国君匈奴族铁弗部的赫连勃勃。换言之，兴州（治今宁夏银川市）一带"号为'塞北江南'"，是因其地"有水田果园……置堰，分河水溉田"。

　　然则综合上引史料，可以做出的判断是：至迟在公元六世纪末时，以今银川、吴忠为中心的银吴平原，因为地理景观的水田、果园、置堰，因为社会风俗的"崇礼好学"，已经获得了"塞北江南"的美称；而时至今日，这里大漠金沙、黄土丘陵、水乡绿稻、林翠花红的自然地理景观与人文地理景观之相映成趣，又可谓交织出一幅"塞上江南"的五彩画卷。那么问题来了，为何这样的地理景观与社会风俗，就是"江南"呢？不妨先说个接近"塞北江南"得名时代的公元六世纪初的故事。

公元506年，建都江南建康（今江苏南京）的梁朝发动北伐，主帅萧宏命令手下乌程（今浙江湖州）丘迟给镇守淮南寿阳（今安徽寿县）的北魏将军、睢陵（今江苏盱眙）人、原梁朝降将陈伯之写了封信，伯之得信，于是拥兵八千来归。这是一封怎样的书信呢？古往今来，人们都以为信中的这几句话最为感人：

来源：视觉中国

暮春三月，江南草长，杂花生树，群莺乱飞。见故国之旗鼓，感平生于畴日，抚弦登陴，岂不怆悢！所以廉公之思赵将，吴子之泣西河，人之情也，将军独无情哉？

人岂无情？所以丘迟的一封信，招来陈伯之的八千兵！我想，这既是故国乡关的情思，也是文学经典的力量，更是说不清也说得清的江南的魅力。因为江南的魅力，所以当时的贺兰山下，有了"塞北江南"的美称，所以现在的神州大地，"江南"的店招、广告、习称随处可见……

来源：视觉中国

二

江南的魅力何在？在于说不清的模糊。

比如江南在哪里，江南是什么，可谓言人人殊。气象学者说江南是梅雨，地理学者说江南是丘陵，语言学者说江南是方言，历史学者说江南是沿革，经济学者说江南是财赋，人文学者说江南是文化，诗人说江南是"江南"。这方面的有关情况，《中国国家地理》杂志曾经做过专辑，这里不必展开。梅雨的"江南"，广及淮河以南、南岭以北、三峡以东，丘陵的"江南"，把苏、锡、常、宁、杭等排除在外，方言的"江南"，以吴语最具代表性，这样南京就不是江南，而萧齐诗人谢朓的《入朝曲》却说："江南佳丽地，金陵帝王州"……

《夕阳》吴呈昱 摄
来源："特田生活特别甜"手机摄影比赛 三等奖

江南的魅力何在？在于说得清的意象。

我想，江南是天造一半、人造一半，是人文色彩浓重的自然、是自然风韵独具的人文，江南是灵动，江南是创新，江南是转型，江南是天堂。就以江南是转型来说，先概而言之，先秦秦汉时代，政治与文化的主话语权在黄河流域，江南属于偏远蛮荒之地；东晋南朝时代，北方为非汉民族入主，江南成为华夏正统所在；唐宋元明清时代，江南乃是财赋重地，朝廷依靠着抽取江南民脂民膏的运河才得以维持；明清以迄近代，江南又得风气之先。再详而论之，比如从"偏远蛮荒"的旧江南转型为"华夏正统"的新江南，我在《江南文化的转型：以先秦秦汉六朝为中心》（收入《长三角文化与区域一体化——2019年"长三角文化论坛"论文集》，上海人民出版社2020年版）文中是这样描述的：

| 寄畅园知鱼槛
来源：《江苏古典园林实录》

新旧江南文化的转型开始发生在西晋永嘉年间，此前为南方地域色彩浓厚、以"轻死易发"为特征的旧江南文化范畴，此后为熔铸外来的北方文化与土著的江南文化、以"艺文儒术"为表征的新江南文化范畴。新江南文化之新，又体现在物质文化、制度文化、精神文化、行为文化、心态文化等诸多方面。

换言之，北方官民的主动迁徙江南，使吴越江南得以升华为"文化江南"；江南战俘的被动迁徙塞北，又使塞北边疆成了"风俗江南"；而回到本书的主题，那名实相副的"江南"，即便仅从"转型"的角度来说，确切公认的、长江以南的今苏浙皖沪三省一市的江南空间，就有着流变的内容与丰富的内涵。

| 无锡荡口古镇
  来源：王泳汀 摄

三

　　江南文化的内容或内涵都有哪些呢？我想不妨从五大方面去关注。一是物质文化，比如温山软水，流水人家，古镇与园林，飘香的稻米，缓缓移动的油纸伞，蓝印花布，茶叶，丝绸，等等，这是山水江南与风物江南；二是制度文化，就以近代以来为例，从洋务运动到民族实业，从乡镇企业到高新科技，江南人最会因地制宜、因时制宜、因人制宜，充满着探索与创新的特别禀赋；三是精神文化，丝竹流芳的音乐、婉约悠扬的民歌、自然淡雅的布置、聪颖灵慧的性格，与杏花春雨江南是那么地协调一致；四是行为文化，以今天来说，江南人做事、谈恋爱、说话甚至吵架，总有那么种值得品味的江南味道，总有那么一种精致、优雅、

横云山庄诵芬堂
来源：《江苏古典
园林实录》

闲适、情趣的生活追求；五是心态文化，江南人的心态是"我是江南人"，江南是身体与心灵的诗意栖居，江南是和平、安逸、美好的人间天堂，江南就是我，我就是江南。

如果这样去理解魅力江南，理解"形而下者谓之器"即具象层面的物质江南、制度江南、精神江南，理解"形而上者谓之道"即抽象层面的行为江南、心态江南，那么江南真可谓有着说不尽的现实话题，做不尽的学术空间。我们可否把"江南"比作一台多幕大戏，而我们是观众。作为观众，要想看懂魅力江南这台大戏，把握魅力江南的"器"与"道"，我们就应该知道剧目、了解舞台、掌握剧情、熟悉演员、明了道具。

以言知道剧目，比如"江南"是如何从到处都有的普通名词（意为某江之南），变成特指某地的专有名词的？又是如何从一般的空间概念，变成具象的符号概念乃至广泛的象征概念的？作为象征概念的"江南"，又为何集中或凝聚了中国人的理想国、乌托邦、香格里拉、桃花源、天堂情结？

以言了解舞台，随着"江南"成为专有名词与象征概念，"江南"的地域空间得以扩大、争夺乃至跳跃。比如多年以前，就有过争论说着江淮官话的南京是不是江南的"硝烟弥漫"。又如2019年10月，我参加了在无锡拈花湾文旅小镇举办的"第二届江南文脉论坛"，我注意到其中设置了在泰州举办的"泰州学派"分论坛，而泰州在长江以北。再如2019年年初，我在"南京桐城商会"的讲话中，说到清朝安徽的省会有将近百年在南京，桐城文派初祖方苞生于南京、长于南京、葬于南京，是南京的风土与气场滋养催生了方苞的声名与才气；桐城文派的集大成者姚鼐，主讲各

无锡横云山庄
来源：《江苏古典园林实录》

地书院42年，弟子遍天下，其中主讲南京钟山书院22年，即使钟山书院成为一方学术圣地，也将桐城文派的影响推向了新的高峰。所以，"桐城文派"的主场其实在南京。至于现在的南京，也被安徽人亲切地称为"徽京"。另外，我在20多年前的博士学位论文《魏晋文学地理研究》中，论证在文化、心理、政治等各方面，长江以北的扬州属于江南；到了唐代，杜牧的"青山隐隐水迢迢，秋尽江南草未凋。二十四桥明月夜，玉人何处教吹箫"，这样的诗人的"江南"，却是地理的江北扬州；甚至直到今天，烟花三月、二分明月的扬州，仍被视为江南。通过扬州的例子可见，文化的力量往往能够超越地理的限制。这样的超越，又使"江南"甚至跳跃到了远方，比如上文讨论的宁夏平原被称为"塞北江南"，提及的甘肃天水被称为"陇上江南"、甘肃陇南其实底气不足的广告"早知有陇南，何必下江南"，以及同样值得说说的西藏林芝被称为"西藏江南"。

以言掌握剧情，为什么分裂时期江南政治地位上升？隋唐以降统一时期江南经济地位重要？如何认识江南在华夏文明"薪火相传"中的特别贡献与"避难所""回旋地"的特别地位？如何理解江南军事上被人征服、文化上征服别人的坚韧与光荣？如何彰显温山软水、富庶安逸的江南，即便军事上被人征服，也有着"扬州十日""江阴死义""嘉定三屠"那样的铁血精神？简而言之，这样的"江南"，从"工具"意义上说是如何被"炼"出来的，从"民族"意义上说是如何被"压"出来的，从"文化"意义上说是如何被"养"出来的，从"经济"意义上说是如何被"献"出来的，都是"魅力江南"这台大戏剧情的关键。

以言熟悉演员，诸如太伯、仲雍、季札、言偃是如何拉启江南文明的大幕的？西晋的永嘉南渡、唐朝的安史南渡、宋朝的靖康南渡，是如何夯实与丰富江南的人文基础的？江南的土著、移民及其矛盾与融合的过程怎样？魅力江南的创造者与承载者是哪些民族、宗族、家族、个人？

以言明了道具，古往今来，存在过、积淀下哪些魅力江南具有象征意义的独特符号？比如《中国国家地理》杂志曾经推出"最能体现江南精神的12种风物"，即乌篷船、大闸蟹、辑里丝、龙泉剑、蓝印花布、油纸伞、黄泥螺、龙井茶、霉干菜、扬州澡堂、紫砂壶、绍兴酒，只有这些符号吗？再以旧时为苏州府、常州府瞧不上的无锡县为例，现在的无锡，肉骨

| 蠡园南堤春晓
来源：《江苏古典园林实录》

| 《晨曦之光》谷立彬 摄
来源："特田生活特别甜"手机摄影比赛 参与奖

头成了美食，泥巴成了工艺品，曾经辉煌的影视城，现在极
为成功的灵山大佛与拈花湾，为什么"一张白纸"上画出了
为宁、镇、苏、常"嫉妒"的精彩，乃至南京牛首山下也要
建设向无锡拈花湾文旅小镇看齐的"金陵小镇"？诸如此类，
我想要看懂魅力江南、推广魅力江南这台大戏，熟悉这些具
有道具意义的"符号"及其历史过程，也是十分必要的。

　　"魅力江南"是台魅力无限的多幕大戏。如果说上面所
说的舞台、剧情、演员、道具都是形而下的"器"，那么，
这台大戏的灵魂、形而上的"道"，就是中国人的天堂情结。
这样的天堂，不是西方人天上的、虚构的、教堂里的天堂，
而是中国人地上的、现实的、生活的天堂，这样的中国人的
天堂，是不仅安身，而且养心的家园，是理想的、诗意的栖
居地，是人与自然和谐相处的典范，是尊重自然、利用自

然、改造自然的榜样，是"道法自然"的结晶，这也是魅力江南的全球意义与人类价值所在，即人类是如何从自然中孕育出"天堂"般的家园的；而具体到追求"日新月异"与守护"绿水青山"的现代中国，当然也不例外，毕竟现代化不能以牺牲自然、家园、故乡、安身、养心为代价。

四

以上，是我这么多年以来，身在江南而切身感受的江南魅力，心在江南而行走各地的一些发现与惊喜。而前几天，当我收到崔曙平兄发来的"'阅江南'系列发布内容策划"，欣喜于"发布主题"的"器"与"道"兼容并包、相得益彰，即"源江南·历史""意江南·精神理想""筑江南·建筑空间""品江南·诗画人戏曲文学"等，我又着实地感动与欣喜了许久，于是献上此篇改写与充实自旧作《魅力江南：中国人的天堂》（《江苏地方志》2020年第1期）而改题为《魅力江南的"器"与"道"》的拙文，以共襄盛举矣……

作者简介

胡阿祥

南京大学历史学院教授、博士生导师，六朝博物馆馆长，甘肃省"飞天学者"，江苏省建筑文化研究会常务理事。中国地理学会历史地理专业委员会委员，中国历史地理研究会副会长。百家讲坛主讲人，中国地名大会点评嘉宾，书香江苏形象大使。出版专著、主编著作70余部，发表论文与随笔500多篇。

书意江南

汤传盛

　　就人文地理而言，"江南"是一种独特的存在，既是地域概念的延伸，也超越了地域概念的内涵；就文化内涵来说，"江南文化"既包含于传统文化，也超脱了一般的传统文化。

　　江南文化的精神特质使我们对江南文化有了一个通俗的共识——江左风流。

| 朱新建《古寺高僧曰之闲》
来源：远望堂 藏

多年来，"人人尽说江南好"，说不完、道不尽，江南文化的独特性俨然已经吸引了众多学者对其进行不同角度的研究与阐释，使江南文化研究逐渐成了一门显学。

历史地看，"江南"是个不断变化的地域概念与文化内涵；现实地看，江南不仅有着"杏花春雨"的诗情与画意，也留下了文脉深厚、艺绪丰逸、尽显风流的书法经典。

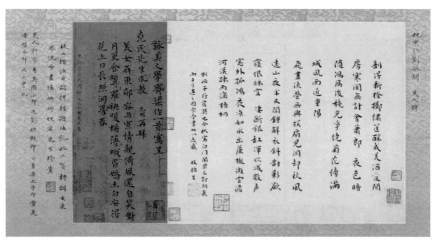

| 祝允明《录刘姬词及致朱凯札》楷书，24.5cm×42cm
　　来源：上海博物馆 藏

门阀制度与士族文化是魏晋时期政治文化生态的显著特征，江南世家族群之间联姻成了维系家族地位、利益的手段，吴郡陆氏（代表人物陆机、陆柬之等）家族、会稽虞氏（虞世南等）等家族的联姻使他们在主流文化圈中的地位不容置喙；王氏家族、郗氏家族的联姻也造就了书法史上的佳话。

陆机《平复帖》，开启江南书法的先河

自西晋陆机（261—303，吴郡人，今江苏苏州）《平复帖》始，开启了江南书法的先河，陆机虽书名为其文学之名所掩，但是此《平复帖》的留存，不得不使我们对其书史之名进行重视。

此帖用秃笔写就，简约率意、潇洒流畅。我们现今虽大多沿用《宣和书谱》之说将之归结为章草一类，但它相较于《急就章》《出师颂》等帖，并无明显"蚕头雁尾、银钩虿尾"的特征，但又比"二王"今草显得质朴、古雅，可以说是一种章草过渡至今草过程中的产物。

就常理而言，破锋、散锋在某种程度上是不完美的体现，但在此幅浑然一体的作品中，这些本属败笔的破锋也在率意挥洒时显得那样和谐，使整幅作品的书写性更为流畅，达到了整幅作品的高度统一，也难怪《大观帖》评其"若篆若隶，笔法奇崛"，实为不刊之论。

| 陆机《平复帖》章草，23.7cm×20.6cm
来源：北京故宫博物院 藏

《兰亭序》，奠定江南书法的基石

东晋时期，名垂千载的"书圣"王右军，为江南书法几千年的传承奠定了基石。

王羲之虽原籍琅琊，但后迁山阴，并于永和九年（353）三月初三，其邀请当时四十余位名流于兰亭聚会，写下了千古名篇《兰亭序》，曲水流觞，诗酒风流。

王羲之书法在前人基础上，一改汉魏以来质朴工拙的书风，使书法呈现出妍美、流便的审美趣味，具有里程碑意义。而其笔下《兰亭序》之经典的形成也多在于其艺术价值的体现，为《兰亭序》赋予了"天下第一行书"的光环。

但需要提及的是，《兰亭序》及王羲之书圣地位的奠定，非艺术因素在其中也有着至关重要的作用，若非唐太宗的盛赞其"尽善尽美"，此作也恐难以独绝天下，

《兰亭序》，唐，冯承素摹本，纸本，行书
来源：北京故宫博物院 藏

若非唐代书家及后世书家对于《兰亭序》通过临、摹、刻等手段进行多元化、广泛性的传播，《兰亭序》也不会具有如此至高无上的地位，也不会有今日我们乐此不疲进行研究的"兰亭学"。

晋唐风骨，流派林立

会稽虞氏，是唐代江南有名的世家大族，而虞世南（558—638，越州余姚人，今浙江余姚）则是虞氏家族中以书著称的代表，虞世南之年代，经历了南北对立到天下统一的变革时期，适时，都城由东晋之建康（今南京）迁移到长安和洛阳，南北文化进入融合发展时期，虞世南也正是在此时期进入了文化、艺术方面的积淀时期，

| 虞世南《汝南公主墓志》（传）纸本，行书
　来源：上海博物馆 藏

至唐，虞世南受到唐太宗之赏识，称其德行、忠直、博学、文辞、书翰"五绝"（唐太宗语，《旧唐书》）。

就书法而言，虞世南书风上承南朝、下启盛唐，对被唐太宗尊为"书学正统"的二王书风有着重要的传承作用，虞世南深谙"王书"，温润含蓄，外柔内刚，潇洒流便，一派中和雅正之美。此《汝南公主墓志铭》便是如此，"笔势圆活，戈法尚存"（李东阳跋语），"萧散虚和，风流姿态种种"（王世贞评语）。

至宋以后，无论是"风樯阵马，沉着痛快"（苏轼语）的米芾（1501—1107），还是"用笔千古不易"的赵孟頫（1254—1322，吴兴人，今浙江湖州）抑或是"以禅喻书"的董其昌（1555—1636，华亭人，今上海），均沿袭着以晋唐一脉的潇散、流便书风而行。虽然董其昌也曾说出"直欲脱去右军老子习气"的豪言壮语，但是从书风表现上均未脱离晋唐风骨。

此外，在明清时期的江南，流派林立，无论是董其昌为主导的云间书派，还是以祝允明、文徵明等为代表的吴门书派，均延续着"尺牍风流"的晋唐书风，各自演绎、表达着他们心中的书法艺术。

"江南书风"的精神特质

"中国书画艺术具有地域特征"这一命题显然是成立的。

"颍州公库顾恺之《维摩百补》，是唐杜牧之摹寄颍守本者……其屏风上山水林木奇古，坡岸皴如董源。乃知人称江南，盖自顾以来皆一样，隋唐及南唐至巨然不移。"（米芾《画史》）

"北朝丧乱之余，书迹鄙陋，加以专辄造字，猥拙甚于江南。"（阮元《南北书派论》）

米芾《向乱道在》，27.3cm×30.3cm
来源：北京故宫博物院 藏

文徵明《小楷前后赤壁赋卷》纸本小楷，28.8cm×75cm
来源：北京故宫博物院 藏

南画与北画，南书与北书，各自沿循着自己的艺术脉络进行生发，如果说"不同的自然环境在人心目中的反映，表现出来，便形成南北不同的画法"（童书业《南画研究》），那么南北文化的差异、南北环境的差异使每个人在心中对书法产生了不同的认识与理解，便形成了南北不同的书法。

如果我们承认书法在古代确只如古人所言"雕虫之杂艺，不须过精"，那么，书法的最终指向便是文化、环境的涵养。"大令改右军简劲为纵逸，亦应江南风气而为之"（沈增植《海日楼题跋》）这正体现出"江南性"对书风的影响与构建。

那么江南书法的地域特征是什么？从我们看到的江南书家来看，有的生于江南，自幼便受江南文化所浸润，也有的虽本非江南人士，但因江南之魅力后迁于此。

江南文化不但包括文化的江南、美景的江南，也包含艺术的江南，江南的复杂性、涵容性与全面性共同影响着这些江南书家，使江南书家无论从审美还是从表现上，均呈现出一种趋向的统一，这是由江南文化传统所构成的、潜移默化的、润物无声的影响。

从古至今，这些生于斯、长于斯或居于斯的江南书家书写，风格多样，我们很难对其进行风格上的定性判断。如果非要对其进行一个大致的概括，我认为，江南书法是在特定的江南地域、特定的江南人文滋养下所独有的，以晋唐一脉为正统所生发出的同源而不同流的书法风格，书风的呈现虽具有不同面目，但多以隽秀、妍美、雅正、流便为旨归。

这也无怪乎，阮元会说出"南派乃江左风流，疏放妍妙，长于启牍……北派则是中原古法，拘谨拙陋，长于碑榜"（阮元《南北书派论》）的论断，这种书风的形成与审美取向显然也可以为当下书法的"江南"特质提供佐证。

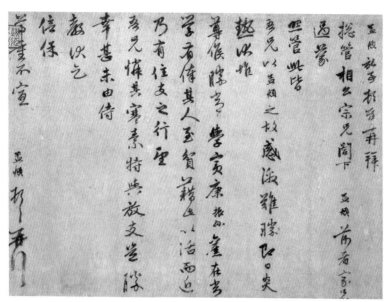

赵孟頫《过蒙帖》，29.5cm×39.6cm

来源：北京故宫博物院 藏

董其昌《草书节临怀素自叙帖扇面》，15.9cm×48.5cm

来源：北京故宫博物院 藏

有人说"一部书法史，半部在江南"，我想这一说法，也是不为过的，"江南书法"构成了中国书法的经典、主流脉络，让我们对江南文化的魅力更加向往。

作者简介

汤传盛

中国书法家协会会员，江苏省书法家协会会员，南京艺术学院博士研究生，江苏省篆刻研究会会员。

最近的乌江

陈卫新

　　最近的乌江是个实实在在的镇子，西楚霸王自刎之地，从南京开车过去也不过四十分钟。这让我很意外。这么近，这么多年怎么就没有想到过来看看。

　　童年的时候，项羽曾经是关于英雄的最伟大的记忆。什么叫虽败犹荣？这是一个男孩子在成长过程中必须要懂得的东西。

| 乌江实景
　来源：王立韬 摄

| 乌江镇老街
来源：千年古镇
乌江

傍晚，坐在这个乌江镇最邻近长江的木屋里吃鱼，鱼是白鱼，鱼很大，也很漂亮，总之与长江很般配。这样的鱼是很难得的，鱼鳞发亮，而且脊背呈现出一块浅黄的印记。我似乎总下不了筷子。在屋子的另一侧，也就是说越过那条鱼的身体，在远处那扇窗的后面，是江边的一个堆沙场。有粗沙，也有细沙，几辆挖斗机来来回回地忙碌着。这江中沉积的沙，许多应是上游顺流而下的吧。

历史是什么，许多流传的文字未必是真相，反而，一些默寂的黑暗中的"泥沙俱下"才更有可能是历史真实的遗存。我们现在把沙掺入水泥抹在墙上浇入建筑的任何所需之所，但从未想过这沙可能来自唐宋，也可能是更远的楚汉之争。生命之中无数卑微的物件，在布满裂隙的社会语境中，似乎成为一件一件抵抗现代化的象征。让人在关注当下，关注时代潮流的同时，忽然发现了自己有可能忽略掉了什么东西。

"我住长江头，君住长江尾"，江水至下游，泥沙沉积，在南京西侧多出好几个沙洲来，如同一段滚滚而来的情感，遇到内心一个坚硬所在，便安身了，不再折腾。江水渐而转了方向，竟然变成了南北方向，不再滚滚长江东逝水，而是调头往北，风尘仆仆。项羽的"不肯过江东"是这样来的，江东子弟也是真正的长江东子弟。

历史上的乌江已经退化为驷马河，项羽不肯渡的江

乌江地理位置
来源：薄皓文 绘

水依然如故。这一段的长江西岸被遗忘了太多年，乌江古时有南京北大门之称，北接滁州，东联南京。时代以颜色论高贵，古已有之，秦人尚黑色，以乌字命名一条水系，是一种巧合，也是一种宿命。项羽的乌骓马也没有能给他带去最好的运气。四方楚歌声，大王意气尽。项羽所以为英雄，因为那是个贵族有贵族自信、俗子有俗子尊严的时代。晋也尚黑色，衣冠南渡后保存至现在的地名有两处，江东边南京城南的乌衣巷，江西边滁州城东的乌衣镇，两岸乌衣皆出自晋之士族。

项羽的霸王祠距离吃饭的地方不过三公里，但我还是放弃了去拜访的愿望。朋友问原因，我也说不出，只是觉得眼前的鱼越来越大。鱼鳞如叶，是另一番的枝繁叶茂。不远的驷马山古战场似乎还存在着某种命运的回响。王鼎钧先生在《关山夺路》中有句话，特别适合在霸王祠的凭吊，"人生在世，临到每一个紧要关头，你都是孤军哀兵"。这是他的人生感悟，合适项羽，也合适所有的人。"生当作人杰，死亦为鬼雄。"是李清照在乌江写的，李清照离开南京，没有南下，倒先去了乌江，不知道当时是怎样的情形。反正这一句慷慨之诗成了西楚霸王的纪念，也被人无数次引用。

照中国传统习惯，人之别离，意义是非常的，无论指生死，还是指花开两朵，各表一枝。所以十里一长亭，五里一短亭，依依不舍。似乎都想在别离的时刻给对方留下最好的记忆。

霸王祠
来源：王立韬 摄

古人在意"去思"，今人更在意眼前。微信朋友圈成了习惯，就不会再有"十年生死两茫茫"的慨叹。项羽的乌江一死，便是留下的一种永恒的"去思"。中国讲成王败寇的时候，实际上还有一句"不以成败论英雄"。

在唐代，乌江出过一位大诗人张籍，南宋词人张孝祥是他的后人。张孝祥字于湖，高宗时廷试第一名，《宋人轶事汇编》中有一段文字很有意思。"张于湖，乌江人，寓居芜湖。捐田为池，种芙蕖杨柳，鹭鸥出没，烟雨变态。扁堂曰归去来"。有趣的是，因为他尝慕东坡，所以每作诗文，必问他的门人，"比东坡何如"。久之，门人都习惯以"过东坡"称呼他了。女贞观的尼姑陈妙常，姿色出众，诗文俊雅，又工音律。张于湖"以词调之"，不成。后来陈妙常与他的朋友潘德成好上了，被人写成了一出好戏《玉簪记》。昆曲折子戏《琴挑》即出于此，换了服饰的陈妙常，娇俏之极。

乌江人林散之也是一位昆迷。拜黄宾虹为师的林散之是属于大器晚

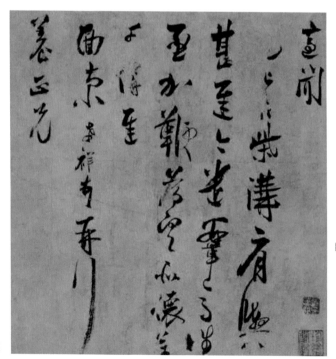

| 张孝祥《柴沟帖》
来源：上海博物馆 藏

成的那种，书法之妙，被尊称为"当代草圣"。我有一张他退休以后给原单位领导写的便条，有关昆曲，信手写来。"戏票怎么办？听说要闭幕了（十五贯），望您赶快替我弄四张票，不能骗我。至托。"真的是生动鲜活。字是用铅笔写的，放大了看，轻重缓急，更具风采，如同新书。前几天偶然遇到一位朋友，他说了一件事，也从另一方面证明乌江是个底子厚实的镇子。驷马河两岸，安徽与江苏因河分界，一个乌江镇也被一分为二。所以两地都称林先生是他们的乌江镇人。这是两地对于历史文化资源的重视，也是一个地方行政管理变化的见证。

长江边的鱼，最终还是没有吃完。因为饮了酒，所以那天没有能去镇子里走一走，也没能去霸王祠做一个拜祭。这里所写完全是一种想象中的怀旧，于人生并无太大好处。但许多时候，在新的事物并不清晰的情况下，我情愿相信旧的从未走远。乌江之意味深长，不光是其历史悠久，还在于一个旧式的充满人格魅力的英雄。至于一句凭吊的诗，一句缠绵的唱

林散之与友人笔谈手稿
来源：远望堂 藏

107

词，一纸随意的手札，都是暖心的小景，可以少点悲壮。古人云，"诗家之景如蓝田日暖，良玉生烟，可望而不可置于眉睫之前也"。想象的怀旧总是这样，我们其实无法与历史靠得更近。

参考文献

[1] 袁枚.随园诗话第一卷[M].北京：线装书局，2008.
[2] 王鼎均.关山夺路[M].北京：生活.读书.新知三联书店，2013.
[3] 周勋初.宋人轶事汇编[M].上海：上海古籍出版社，2013.

作者简介

陈卫新

《中国室内设计年鉴》主编，中国建筑学会室内分会常务理事，中国室内装饰协会陈设艺术专委会副主任，江苏省室内设计学会副会长，江苏省建筑文化研究会理事，南京艺术学院客座教授。南京筑内空间设计顾问有限公司总设计师、南京观筑历史建筑文化研究院院长，主要从事文化空间设计、历史建筑研究修复、城市更新等设计工作。参与设计项目有先锋书店（五台山店）、南京大学赛珍珠故居、南京师范大学随园校区小礼堂、张謇故居、金陵美术馆、江苏大剧院美术馆、云几、柴门等。

至柔者至刚

何培根　徐红云　王　莉

在中国所有的地域文化中，没有哪一种地域文化像江南文化这样有这么好的机缘，有这么好的天时、地利、人和，把华夏文明千年的智慧结晶融于其中。

历史上至少四次大规模的人口南迁，将很多中原的文化、书籍、经典带到江南，使中原文化与江南本土文化水乳交融，丰富、升华形成了新的文化内涵。因此，江南文化并非单纯的地域文化，而是华夏文明千年智慧的集大成者，是中国传统文化的生命勃发。

有兼容并蓄才有区域意象

历史地理上的江南，经历了一个从西往东、从北到南、从大到小的演变过程。在漫长的历史演变进程中，"江南"文化经过与吴越文化、荆楚文化、中原文化、西方文化等文化类型与形态的不断碰撞、交流与融合，形成了极其鲜明的地域文化特征。

不同于闽越文化、巴蜀文化，江南文化的成长、进步是自身发展不断积累的过程，更是与其他区域文化、各民族文化乃至域外文化之间相互吸收、碰撞、交融的过程。

仇英《南都繁会景物图卷》局部
来源：中国国家博物馆 藏

早期的江南发展受到北方中原文化南下的推动和促进。自衣冠南渡后的东晋以降，江南文化就呈现出兼容并蓄、多元交融的特征。经历了唐安史之乱之后的中国，国家的经济文化重心进一步南移，在此进程中，"人人尽说江南好"的人文江南意象逐渐形成。

唐宋的许多诗词歌赋以江南为题，脍炙人口、流传千古，像"采莲曲""采莲女""江南弄""江南曲""望江南""忆江南""江南好"等专门用于歌咏江南的词语，甚至成为诗名、词牌的名称。

南宋后，经过长时期积蓄的江南文化已走在全国前列，无论是学术、思想、文学、教育、宗教，还是园林、音乐、绘画、喜剧、工艺等众多门类文化形式共生共荣，并呈现出鲜活的生命力和鲜

李剑晨《荷花》
来源：远望堂 藏

明的文化特色。这种繁荣和领先，在之后的元明清三代一直得以保持。尤其是在明清两代，凡具有全国影响的重大文化创新，几乎都与江南有关。

在创造性吸收各种文化的同时，江南地区也成为文化传播和输出的重要区域。

六朝时的江南，其文化影响力已远播海外；唐代的扬州则是当时中国最为繁华的城市和对外交流的港口，人称"扬一益二"。在大量的瓷器、丝绸、茶叶源源不断地销往海外的同时，江南也承担起文化对外输出和传播的重要角色。

｜ 乾隆南巡图第八卷（局部）
来源：深圳博物馆 藏

其次，江南文化的繁荣发展，也体现在社会各阶层对文化的多元参与。以士大夫为主的精英阶层固然是地域文化建设和引领的核心，但市民阶层的共同参与使得雅俗文化之间不断互动，也令江南文化始终保持着鲜活的个性和旺盛的生命力。

由此，在漫长的历史发展过程中，"江南文化区域意象，一点一点地积累起来，今天它已经汇聚为一片意义的海洋""是一个登峰造极地将大地经典化并当作神灵供起来而人又可以在其中悠游自在、诗意栖居的天堂"。

诗书传家

"仁者乐山，智者乐水。江南才子型君子的首要特征便是聪慧明达，这在明清两朝科举考试中就有所体现。"据记载，从顺治至光绪的260年间，有70%的状元来自于江南，这源于江南文化中崇文重教的核心精神，也是江南文化五彩缤纷、厚重灿烂的根脉所系。

"崇文重教，诗礼传家"的风气使得江南人士具备较高的文化素质，也使江南收获了文化的昌盛和辉煌。时至今日，江南地区仍然是教育事业的高地，为地区经济社会发展提供了不竭的精神动力和人才基础。而"精细雅致，诗性追求"是崇文重教的必然结果，浸润于江南文化的母体，江南人养成了精细雅致、温婉多情、细腻浪漫的文化气质。这种特质折射于诸如园林、民居、饮食、陶瓷、刺绣、文学、艺术等各个领域，在神乎其技的同时，体现出优雅诗性的特点。

千百年来的画史似乎只为"江南"而存在，"元四家""明四家""清六家"（十四家中，两人为浙江籍，余十二人皆为江苏籍），都身处江南的核

沙曼翁《好是天寒图》
来源：远望堂 藏

心地域，还有明清兴盛的大小画派：吴门、新安、浙派、扬州及海上。无论其展现出的技艺如何新奇特异，同一屋檐下的同一缕阳光，才是他们光华耀眼的根本能量。

刚柔并济

谈及江南，水是绕不开的话题。水随物赋形，与物无争；柔若无骨却无坚不摧。梁启超曾言："燕赵多慷慨悲歌之士，吴楚多放诞纤丽之文，自古然矣。"

但是，柔性江南，也有刚健之格。

公元1402年，方孝孺反对燕王朱棣以靖难之名推翻建文帝篡夺皇位，拒不为朱棣起草登极诏书，结果导致亲属加上学生十族凡873人被诛，酿成千古惨案。方孝孺不仅是为忠于建文帝而捐躯，更是为了忠于自己的政治理想、忠于自己为人处世的原则。因此，他被历代志士仁人奉为成仁取义、刚正不阿的典范。

方孝孺是江南文化孕育出来的杰出代表，他的事迹极大地丰富了江南文化的内涵。众所周知，江南文化既有小桥流水、庭院深深的优美，也有独立潮头、劈风斩浪的壮美，优美与壮美，共同成就了江南文化的优良品质。但是，唐代以后，由于江南经济发达、文教繁盛，民风渐向文弱一面倾斜。于是，有人便以为"文弱"成了江南文化的主流。方孝孺以一普通士人身份，面对皇权的万钧霹雳，从容不迫，大义凛然。其一头可断，十族可诛，但志不可夺的精神，充分体现了孟子"富贵不能淫，贫贱不能移，威武不能屈"的大丈夫气概。

江南文化的"刚"，还表现在对暴政压迫勇于反抗的精神。清兵入关后，一路南下，但到了江南却遭遇了从未有过的抵抗。1645年清军攻破嘉定后，颁布剃发令，命令十天之内，一律剃头，"留头不留发，留发不留头"。嘉定人民随即自发起义抗清，两个月内，发生大小战斗十余次，民众牺牲两万余人，史称"嘉定三屠"。

因为反抗暴政，江南一带涌现出了陈子龙、夏完淳、张苍水、杨龙友、吕留良、金圣叹、夏之旭、张名振、祁彪佳、黄淳耀等许许多多可歌可泣的人物，还有明代奇女子李香君、董小宛、柳如是，他们表现出的崇高的民族气节，使江南成为中国最有骨气的地方之一。

江南如水般的包容和温和的性情，与中原的内在之仁德、礼乐与柔性，发生了极为亲和的交融，却又在展现着精巧绮丽的柔美的同时，囊括了中原精神里的豪情侠义。正是这种去芜存菁的沉淀过程，促成了江南文化的多元性。

经世致用

江南文化中的刚健，并非莽撞，而是执着；不是抱残守缺的执拗，而是务实创新的追索，是不断地向前追、向上走。因此，江南是中国文化最有创造力的地方，而江南的经济奇迹正是其文化创造力的表现。

商末，泰伯奔吴，筚路蓝缕开发江南；魏晋南北朝，全国经济重心开

| 江南运河苏州段
来源：《大运河国家文化公园（江苏段）建设规划》

啬园原名啬公墓，啬公即清末
状元、近代民族实业家、教育
家张謇（1853~1926年）。郭
沫若曾题赠"张季直先生纪念
馆"匾额。园内的张謇生平事
迹陈列馆、扇亭、映山楼、观
鱼廊、松鹤轩等景点，将自然
与历史、传统与现代融为一体。

来源：南通狼山森林公园

始南移，江南地区抓住机遇，开垦土地、种植水稻、养殖桑蚕并大力发展
丝织业和贸易；随着大运河的开通，江南地区与海内外的联系更加紧密，
苏州、扬州、杭州等随之成为经济枢纽城市；从唐代的"赋出天下，而江
南居十九"到宋代的"苏湖熟，天下足"，江南成为全国经济的翘楚。

作为近代中国产业和城市建设先驱的南通张謇，在他的三十多年的人生奋斗历程中，"所受人世轻侮之事，何止千百"，他却忍辱负重，刚强自持，"未尝一动色发声以修报复"，相反，"受人轻侮一次，则努力自克一次"，在坚毅中反复自我锤炼，事业得到发展。

20世纪，苏南人民在发展乡镇工业过程中所体现出的"四千四万"精神，也生动转化出"江南之刚"的"经世致用，务实笃行"特质。这一特质使得江南人总能在历史发展的关键时刻审时度势、敏察善纳，作出精准判断与抉择，从而赢得先机，获得最快最好发展，亦使得江南地区成为中国近代实业和工业的先驱，成为中国近代民族资本家的重要摇篮。

如此，有理由相信在这一片温暖和煦的春山秋水中孕育出来的江南文化，将在未来的岁月里对中国的发展继续产生更为深远的影响。

作者简介

何培根

江苏省城乡发展研究中心副主任，江苏省建筑文化研究会理事，正高级城乡规划师。

徐红云

江苏省城乡发展研究中心融媒体部主任。

王　莉

江苏省城乡发展研究中心融媒体部副主任，编辑，工程师。

阅江南

阅
江
南

品

赏心乐事谁家院

陈卫新

来源：江苏省苏州昆剧院

"赏心乐事谁家院"出自《牡丹亭》游园惊梦中杜丽娘的一段唱词，那是一曲皂罗袍：

"原来姹紫嫣红开遍，似这般都付与断井颓垣。良辰美景奈何天，便赏心乐事谁家院？朝飞暮卷，云霞翠轩，雨丝风片，烟波画船。锦屏人忒看的这韶光贱！"

在这"赏心乐事谁家院"之前，其实还有一句"良辰美景奈何天"。这有感而发问，感的是物是人非，时光流逝。我们可以发现，良辰美景都是向外的，而且是从院中向外去的。这种指向性特别能反映出过去人由内及外，由外动衷的感知习惯。

坐在夫子庙前秦淮河边吃饭，是游客心事，也是本地人向往的。近日连续的雨，让南京成了泽国。记得似乎是竺可桢讲过，有梅雨的地方即是江南。我想这种关于江南的解释是特别得江南人心的。

来源：崔曙平 摄

江南人喜欢水，喜欢怀旧，甚至依从于梅雨中旧庭院散发出来的陈旧气息。他们一边与外来的朋友抱怨雨季的麻烦，一边泡茶聊天乐在其中。

沉湎于旧事，看起来总有些颓意。但过去人不也讲过类似"不为无为之事，何以遣有涯之生"的话吗？古人早就明白生活品质的重要性。他们要看春夏秋冬四时之变中的景色，要在城市的东西南北中安排或者"编辑"成套系的景观。

这些景观不同于私家园林，是大众参与的，熙熙攘攘，俗世繁华。"春牛首，秋栖霞"，是时令意义上的。牛首山是禅宗江表牛头的胜地，周边也有许多南京人的祖坟，一到清明，人流激增，祭祖、踏春，看似两易，其实都是怀旧望新中对于生命的感悟。

在冬季，南京人痴看雪是出了名的。

最痴的是张岱写的，"到亭上，有两人铺毡对坐，一童子烧酒炉正沸。见余，大喜曰：湖中焉得更有此人？拉余同饮。余强饮三大白而别。问其姓氏，是金陵人，客此。及下船，舟子喃喃曰：莫说相公痴，更有痴似

| 水泊秦淮
  来源：刘羽璇 摄

| 金陵四十八景之牛首烟岚
  来源：视觉中国

相公者！"虽是写杭州西湖边的，但似乎更像是南京后湖边的事。明万历年间，有南京当地画家画过金陵八景图，其中就有"石城瑞雪"。

过去人虽然不知"城市景观"一词，但他们显然是最懂景观的公共意义的。他们理解景观，尊重自然，并找到最妥当的参与方式与传播方法。

细想起来，在中国似乎各地都有"八景"之说，连我出生的小镇也是有的。可想，只要有人聚居的地方，就会有这痴事。南京城的"八景"，后来多成了"四十八景"一套，恐怕也是痴人多了的缘故。

大观园中芦雪庵联句，宝玉念的是"清梦转聊聊。何处梅花笛"，上接黛玉的"斜风仍故故"，下联宝钗的"谁家碧玉箫"。南京人都知道，这梅花笛就是秦淮河上的一个典故。

在"金陵四十八景"中有一处"桃渡临流"，指的是两水交流的桃叶渡，左近有邀笛步梅花三弄之说。雪地之中，以笛寻梅，倒也痴得。曾经看过两本不同版本的《金陵四十八景》图册，分别是民国九年与清宣统二年，细读比对，发现格局未变，只是桥栏杆没了。

宣统本上有题写，"桃渡临流在秦淮，因王献之妾而得名，桓伊邀笛步去此不远，昔年游舫鳞集，笙歌达旦，想见升平盛事，今则碧水依然，笙歌犹昔，而风流人远矣。"

看来，这种类似四十八景的东西，对于一座城市的居民是有集体记忆的，是另一种关乎历史关乎审美情趣的传递。

私家宅园内的景观与此类集体记忆的风景是不一样的。

| 桃叶渡

来源：刘羽璇 摄

来源：崔曙平 摄

宋代的政治氛围相对宽松，文官甚至主持军务，文化精神也普遍追求个性表达，自由、丰富。造园也都是写自然的，写山水精神。

明清两代，开始写意，私人园林是在写主人自己的意，这是宅园发展中个体参与度的变化，也是一种私人情感表达的变化。南京的宅园，受太平天国的影响，被破坏程度很大，残留的几乎都有重修的记录，有的园子甚至在城市变迁中消失了，再也无人提及。相反，"金陵四十八景"式的城市记忆传递更加有序，也更加深入人心。这些名称与意象作为一套完整的符号与城市的公共景观叠合在一起。

遗憾的是现在有些城市景观的设计过于局部，过于项目化，缺少内在的文化线索与整体性。也许中国式的自然化景观的褪失，是时代发展的必然，但如果在现代城市化进程中思考一下与城市历史记忆的对应，恐怕也不是坏事。

前些时候在北京，有幸看了故

宫漱芳斋一片尚未开放的区域。原状陈设，可以说保存得极好，在重华宫乾隆的卧室一时间竟有点感动。那是一个真实存在过的人，皇帝心、书生气，在卧室书房随处可见。翠云馆中终于见到了一种"仙楼"，工艺之美，令人叹服。记得有一联，"自喜轩窗无俗韵，聊将山水寄清音。"这样的院子里自然依旧空无一木，此种寂寞，不知道他是如何"养云"的。

如果说一种权力与富有可以让一个自然人实现某种私属意义上的空间情趣，那么一个城市的历史传承与景观特点如何实现呢。

参考文献

［1］张岱.陶庵梦忆[M].北京：紫禁城出版社，2011.
［2］作者不详.金陵四十八景宣统本.

作者简介

陈卫新

《中国室内设计年鉴》主编，中国建筑学会室内分会常务理事，中国室内装饰协会陈设艺术专委会副主任，江苏省室内设计学会副会长，江苏省建筑文化研究会理事，南京艺术学院客座教授。南京筑内空间设计顾问有限公司总设计师、南京观筑历史建筑文化研究院院长，主要从事文化空间设计、历史建筑研究修复、城市更新等设计工作。参与设计项目有先锋书店（五台山店）、南京大学赛珍珠故居、南京师范大学随园校区小礼堂、张謇故居、金陵美术馆、江苏大剧院美术馆、云几、柴门等。

画里亭榭

薛 翔

亭榭不止在园林中出现，山水画中也频繁出现亭榭的形象。江南山水绘画离不开亭榭；而北方山水绘画（尤其是在宋以前），则不然。亭榭几乎是江南文人士大夫的一种符号……在自然崇尚中留下一丝人文的气息。

偶然间再次听到弘一法师的《送别》，思绪迁延，涌起了不少回忆。

说到亭，便令人想起郊外送别的亭和园林水榭中的亭。

亭通"停"，停下，这便是它最初的本意；亭是用来作为行人停靠留驻的处所，早在秦汉时期车马古道旁边就开始设置驿亭，刘邦供职的泗水亭即是驿站，这便是它最初的作用。

后来，古人常以亭作为饯别送行的场所。长亭送别，更是传统的经典意象。古代有朋友亲人远行，多以亭阁、杨柳为意象表现离别伤感之情，暗示亭与离情别绪之间的紧密关系。南北朝时，庾信《哀江南赋》："十里五里，长亭短亭；谓十里一长亭，五里一短亭。"唐代李白诗中："何处是归程，长亭更短亭。"杜牧也感叹："不用凭栏苦回首，故乡七十五长亭。"

到了宋代，词人们精心构思，使"亭"的离别内涵更加通透清澈。柳永《雨霖铃》开头便说："寒蝉凄切，对长亭晚，骤雨初歇。"与此同时，柳永这首词中还提到"多情自古伤离别。"

留园中的一亭
来源:《江苏古典园林实录》

是啊，分别总是苦痛的，所以很不愿意提起这个意象。好在随着现代城市的发展，已经没有了"长亭短亭"的制度，送别也不必到亭子处，似乎这样就能免去分别的痛苦。

当然，亭子并不止有分别的苦，也有欢愉。山上的亭、水边的亭、园林的亭都在告诉我们：其实生活中的乐，也无处不在。

庆历五年（1045年）欧阳修被贬滁州，他在《醉翁亭记》中写道："醉翁之意不在酒，在乎山水之间也。山水之乐，得之心而寓之酒也。"三年后（1048年）他又在知扬州时写下了"曾向无双亭下醉，自知不负广陵春"的妙句。

| 醉翁亭
　来源：视觉中国

扬州的亭不止无双亭。

被誉为"晚清第一名园"的何园中有一座水心亭。它建在水中，在上面戏演，轻歌曼舞，若洛神出水。

个园有一座亭子名为"鹤亭"，字匾由郑板桥题写，因其"鹤"字向右侧了一点，便产生了有趣的动感。

| 鹤亭
　来源：视觉中国

而亭在扬州园林中的点睛作用，似乎没有其他地方的建筑形式可比。《扬州画舫录》中说："杭州以湖山胜，苏州以市肆胜，扬州以园亭胜，三者鼎峙，不可轩轾。"

天下三分明月夜，二分无赖是扬州。

诚如此。

亭榭不止在园林中出现，山水画中也频繁出现亭榭的形象。

江南山水绘画离不开亭榭；而北方山水绘画（尤其是在宋以前），则不然。

亭榭几乎是江南文人士大夫的一种符号……在自然崇尚中留下一息人文的气息。

查士标《山水图册》
来源：金陵天渡楼 藏

在江南的山水画中，大部分的亭榭都会起到装点景物的作用。可以说，每幅山水画中的亭榭都多多少少起到了点景的作用。

如果说水中的亭给人以温柔的媚，那山间的亭便刚毅了许多。

山水画中往往以亭来点缀构图，使场景更加完整。亭榭在图中的位置，是画家经过无数的实践并结合自己内心的感受，最终确定下来的一种巧妙安排，是上天赐予的灵光一现。画面中亭榭位置多变，进而在山水画中，所起的构图作用也会引起变化，有时甚至会影响整幅画的风格。

"新安四大家"之一的查士标在《山水图册》中展现一河两岸的构图，亭子出现在一棵高大的树下，整幅画就被恰到好处地连接起来，而不是被两岸间的江水隔开。

聪明的画家就以一座"亭子"将整幅画衔接起来，使得两岸有了呼应关系，使画面变得生动传神起来。这座"亭子"是画家在这幅画中的"点睛"之笔，起到了很好的"点景提神"的作用，整幅画因亭子的装点而生动巧妙起来。

在这幅《仿巨然山水》中，山树峰峦起伏间，查士标将房屋茅亭点缀其间，着实给

| 查士标《仿巨然山水》
　来源：先声美术馆 藏

画面增添了几分趣味。如果画中没有这些房屋茅亭，有的只是山、水、树木，那么整幅画将变得了无意趣，给人荒凉之感。而"房屋茅亭"的存在，很自然地暗指了此处为有人之境，整幅画面便有了生机和活力。

江南山水画中的建筑就使得画面蕴含着最直接、最生动的宇宙思维模式，亭中的人们于这样的景色间，悠然自得，回归至最拙朴自然的状态，将有限的自然山色融汇到无限的宇宙天地之中。

戴醇士说："群山郁苍，群木荟蔚，空亭翼然，吐纳云气。"张宣在倪云林画《江亭山色图》中题诗："石滑岩前路，泉看树杪风，江山无限景，都聚一亭中。"

古人已得之。

参考文献

[1] 冯尔康.去古人的庭院散步[M].北京：中华书局，2005.
[2] 高居翰，黄晓，刘珊珊.不朽的林泉[M].北京：生活.读书.新知三联书店，2012.

作者简介

薛 翔

南京艺术学院教授、先声美术馆馆长。著有《新安画派研究》《髡残》《中国古玉》《中国古瓷》等。

诗情画意绘江南

富 伟 张 林 薄皓文

　　江南是一个复杂的概念，清人孔尚任说"天下有五大都会，为士大夫必游地，曰燕台，曰金陵，曰维扬，曰吴门，曰武林"。

　　清初全国五大都会中，江南便占其四，可见江南自古就是繁华之地。

　　刘大观说："扬州以园亭胜，杭州以湖山胜，苏州以市肆胜。"江南地区无论在市镇发展数量，还是市镇繁荣程度上，都是其他地区难以比肩的。一直以来，江南都是诗意的存在。江南，不仅是地理上的江南，还是

| 张建宇 绘

来源：江苏省首届"丹青妙笔绘田园乡村"活动 三等奖

文学、诗歌、书画、民歌、戏曲的江南,更是一种情感结构、话语方式、文化隐喻的江南。

曾经江南是诗,"人人尽说江南好,游人只合江南老""春水碧于天,画船听雨眠"(引自:唐·韦庄《菩萨蛮》)。

江南有多美?"风景旧曾谙,日出江花红胜火,春来江水绿如蓝"(引自:唐·白居易《忆江南·江南好》)。

其实更符合江南古往今来诗意意象的是"江南无所有,聊赠一枝春"(引自:北魏·陆凯《赠范晔诗》)。

或者柳絮满城,惆怅行旅,"闲梦江南梅熟日,夜船吹笛雨潇潇"(引自:唐·皇甫松《梦江南》)。

又或春寒未消,燕子呢喃,"报道先生归也,杏花春雨江南"(引自:元·虞集《风入松·寄柯敬仲》)。

| 管王卿 绘
来源:江苏省首届
"丹青妙笔绘田园乡村"活动 优秀奖

阅江南

136

江南究竟有多好？

有人山遥水迢，思念友人，"二十四桥明月夜，玉人何处教吹箫"（引
自：唐·杜牧《寄扬州韩绰判官》）。

有人夜宿金陵，羁旅愁思，"潮落夜江斜月里，两三星火是瓜州"（引
自：唐·张祜《题金陵渡》）。

还有人奉诏回京，别离江南，"春风又绿江南岸，明月何时照我还"
（引自：北宋·王安石《泊船瓜洲》）。

| 南浔古镇
　　来源：视觉中国

当然最著名的还是张继的那首《枫桥夜泊》,"姑苏城外寒山寺,夜半钟声到客船",让寒山寺的钟声在深夜传荡回响了千年。

曾经江南也是画,家喻户晓的《富春山居图》《千里江山图》,将江南山水之精华汇于尺寸之间。

正所谓"沙溪急,霜溪冷,月溪明""远山长,云山乱,晓山青"(引自:宋·苏轼《行香子·过七里濑》)。

五代时期的董源自称"江南人",用笔草草,米芾谓其画"平淡天真,唐无此品"。有洁癖的倪瓒是无锡人,主张"草草",后世江南人对其画倍加推崇,甚至以家中"有无倪书"来评判雅俗。

沈周开创的吴门画派,晚明之后成为中国山水画的主流。其笔墨既汲取宋院体的硬度和力感,同时保留元人的含蓄笔致,苍中带秀,刚中有柔。

无锡清名桥古运河
来源：视觉中国

诗情画意之外，江南还是人人为之向往的六朝佳丽地、温柔富贵乡。

这里的人爱歌咏，爱唱民谣，歌是那么自由，曲是那样奔放。

古老的江南大地，曾经口耳相传过一首歌谣，"斫竹，削竹，弹石，飞土，逐肉"（引自：张家港河阳山歌）。

诗句节奏感分明而强烈，感性而稚拙的意味无穷，充满了原始语言艺

来源：江苏省苏州昆剧院

术张力。

汉乐府民歌《江南》，"江南可采莲，莲叶何田田"是一幅生动的江南采莲图，灵动、活泼、欢快的场面，充满了江南鱼米之乡生活气息，无疑是对"江南"这一概念所蕴含的活泼、旺盛生命力的一种象征与礼赞。

如今的梦里水乡，令人缠绵，"无锡景呀，老曲里厢传，无锡个景致

阅江南·品

唱才唱不完呀",一首《无锡景》让人向往。

江南锦绣,金陵风雅,"瞻园里,堂阔宇深,白鹭洲,水涟涟",《无锡景》衍生出的《秦淮曲》则更凄婉动人。

江南,还是戏曲的故乡。百戏之祖昆曲,腔调软糯细腻,好像江南人吃的用水磨粉做的糯米汤团,因此昆曲的别名也叫"水磨调"。戏曲本身就是文学,比如《牡丹亭》和《桃花扇》,不仅是文学作品,更是戏曲剧本,直到今天还在演绎流传。

在诗词、书画、民歌、戏曲里,"江南文化"总是无处不在,这些文学表现形式无形中推动着江南文化的发展,赋予江南文化符号多元的内涵和奔腾不息的生命力。

因此,当文学遇见江南,它不仅是一个地理概念,更是一个文化概念,充满张力,活色生香。"人人尽说江南好,游人只合江南老"。文学构建起的江南,成为无数人心灵的故乡。

作者简介

富 伟

江苏省城乡发展研究中心副总工程师、研究部主任,高级工程师。

张 林

江苏省城乡发展研究中心研究部研究人员。

薄皓文

江苏省城乡发展研究中心融媒体部编辑。

脉脉江南雨

卞文涛　刘羽璇

谷雨，正是江南的雨季。但江南的雨，是道不尽的。

《西厢记·夜听琴》一折，说到张生抚琴："他不做铁骑刀枪把壮声冗，他不效缑山鹤唳空，他不逞高怀把风月弄，他却似儿女低语在小窗中。"

这怕就是在说江南的雨吧？

谁人多事种芭蕉，早也潇潇，晚也潇潇。

　　——江南的雨，总是轻轻绵绵的，一如暮烟纷扬，斜斜飘入陈年旧梦。烟霭纷纷中，青苔被刷洗得翠绿，肆意洒在白墙黛瓦上，雨声滴答滴答，从屋檐上滴下来，又滑过了梅梢叶脚，才落到天井里，透过淡烟微雨，窗棂外映出一个模糊的影来，好似欲说还休。

　　最妙的是掩映在苇丛中的那一叶孤舟，映着远山浅黛的色泽，在迷蒙的江面上微微荡漾，凝成一幅水汽淋漓的水墨画卷。

　　这幅水汽氤氲的画卷，文学作品从不曾错过。一方水土的得天独厚促进了话语方式和文学取材。

朱自清《春》中的雨

雨是最寻常的，一下就是三两天。可别恼，看，像牛毛，像花针，像细丝，密密地斜织着，人家屋顶上全笼着一层薄烟。树叶儿却绿得发亮，小草儿也青得逼你的眼。傍晚时候，上灯了，一点点黄晕的光，烘托出一片安静而和平的夜。在乡下，小路上，石桥边，有撑起伞慢慢走着的人，地里还有工作的农民，披着蓑戴着笠。他们的房屋，稀稀疏疏的，在雨里静默着。

来源：视觉中国

白落梅《烟雨江南》

春日江南，细雨霏霏，像是一幅轻描淡写的水墨画，素净简洁。烟雾萦绕了整个村庄，房舍人家皆在水雾里，连绵远山亦看不到尽头。最入情境的，当是那搁浅的小舟，在绿荫垂柳下，寂寞无言。还有披蓑戴笠的老翁，坐于湖岸烟波，垂钓一湖的春水。

想在一个烟雨迷蒙的日子，独自走在江南，走进这幅水墨春雨图。

小楼一夜听风雨，明朝深巷卖杏花，从转角的老妪挎着的竹篮里挑一抹春日里最后的红色，别在青丝鬓角边，留住吴侬软语里妩媚多情的浪漫；或者拢起被雨水打落的花瓣，包在蓝印花布里，珍重掩埋在青石板桥边的香冢，看着欸乃声中渐行渐远的乌篷船，把水面划开一道道波纹，好像连心思都被搅开了。

江南雨
汪国真

江南也多晴日

但烙在心头的

却是江南的

蒙蒙烟雨

江南雨斜斜

江南雨细细

江南雨斜

斜成檐前翩飞的燕子

江南雨细

细成荷塘浅笑的涟漪

江南雨

是阿婆河边捣的衣

江南雨

是阿妈屋前春的米

江南雨

是水乡月上柳梢的洞箫

江南雨

是稻田夕阳晚照的竹笛

江南雨里

有一把圆圆的纸伞

江南雨外

有一个圆圆的思绪

江南雨有情

阅江南·品

绵绵的使江南人不想离别
江南雨有意
密密地使外乡人不愿归去

江南烟雨

丁芒

这被雨水浸融了的江南，
哪儿是桃花，哪儿是杨柳？
绿叶儿都淡成了烟雾，
笼罩着远处依稀的红楼。

只有燕子像遗落的墨点，
在蒙茸细雨中来往穿梭，
翅上驮着湿漉漉的春天，
为她寻觅个落脚的处所。

呵，燕子，你别再啁啾，
春已随稻谷播下了田畴，
你不见秧苗的连天翠色，
已经把乳白的云幔染透！

　　行走在水汽淋漓的江南，喜欢那青石板砌成的小巷，喜欢被粉墙黛瓦镶上花边的天空。漫步于老城中幽静的小巷，听上了年纪的老妪抱着小马

扎坐在门口谈天，听不懂，但觉得吴音娇娇媚软；看五彩的丝线在绣娘手中上下翩飞，看不透，一如那针脚里不可言说的细密情思。

雨水一遇到江南，就焕活了新的意境，如诗如画的意境。

一如郁达夫笔下江南的雨。

郁达夫《雨》

我生长江南，按理是应该不喜欢雨的；但春日暝蒙，花枝枯竭的时候，得几点微雨，又是一位多么可爱的事情！"小楼一夜听春雨""杏花春雨江南""天街小雨润如酥"，从前的诗人，早就先我说过了。夏天的雨，可以杀暑，可以润禾，它的价值，更可以不必再说。而秋雨的霏微凄冷，又是另一种情境，昔人所谓"雨到深秋易作霖，萧萧难会此时心"的诗句，就在说秋雨的耐人寻味。至于秋女士的"秋雨秋风愁煞人"的一声长叹，乃别有怀抱者的托词，人自愁耳，何关雨事。三冬的寒雨，爱的人恐怕不多。但"江关雁声来渺渺，灯昏宫漏听沉沉"的妙处，若非身历其境者绝领悟不到。记得曾宾谷曾以《诗品》中语名诗，叫作《赏雨茅屋斋诗集》。他的诗境如何，我不晓得，但"赏雨茅屋"这四个字，真是多么的有趣！尤其是到了冬初秋晚，正当"苍山寒气深，高林霜叶稀"的时节。

江南的雨，是檐下的珠串，是巷子里的油纸伞，是一盏青梅酒，是一条乌篷船，是红的樱桃，是绿的芭蕉，是墨蓝的印花布，是青灰色的婉转雨巷。

蒙蒙细雨，江南蒸腾出了水汽，远山也清秀，近水也丰盈，薄纱般的迷蒙间，浸润着江南的温柔。

作者简介

卞文涛
江苏省城乡发展研究中心研究部研究人员，工程师。

刘羽璇
江苏省城乡发展研究中心融媒体部副主任，编辑。

阅江南

阅江南

味

腌笃鲜：在鲜香中体味春天的气息

崔曙平

江南的春天，不仅是可赏的，还是可尝的。

腌笃鲜是江南的名菜。每到春笋上市的时节，江浙沪皖广，多有菜馆拿来填实时令的菜单。

来源：视觉中国

没错，腌笃鲜就该在春天吃。

这个菜名起得实在是妙，把食材与烹饪之法说得清清楚楚，品到一口美食一下子感觉到春天的到来。

腌，是腌肉，鲜是鲜肉，只这个笃字最有讲头。

我的理解，"笃"应该至少有三层意思。

第一层意思是食材——笃字的竹字头，指的就是竹笋。

第二层意思是烹饪的方法。笃的原意是缓而稳。人们常说，事缓则圆。《中庸·第二十章》有文：博学之，审问之，慎思之，明辨之，笃行之。我小时候住在上海外婆家，那条里弄就叫笃行里，应该就是这个来历。笃行就是行之稳也。

上海人说，个人做事情"笃悠悠"的，往往是指因心里笃定而行事慢条斯理，其实更像是在说一种不急不躁、慢悠悠的生活态度。

腌笃鲜是很要些小火慢炖功夫的，现在店铺里售卖的腌笃鲜，笋子往往有股涩味，就是火候不到的缘故。

"春雷唤醒土壤中的生命，春声过后的第一波笋称作雷笋"——《舌尖上的中国2》这样描述笋。

第三层意思，笃则是象声词，上海有首童谣，"笃笃笃卖糖粥，三斤胡桃四斤壳"……

"笃"在这里就是形容小贩走街串巷卖糖粥时敲竹板的声音。咸肉、仔排和春笋在汤里慢慢炖着，冒着泡，发出笃笃的声音，颇有些活色生香的感觉。

来源：视觉中国

　　说腌笃鲜是一道应时的菜，自然是因为春笋在这个时候大量上市，食材易得而新鲜，且价格低廉，不像冬天的冬笋，价格还在猪肉之上。

　　另外，我觉得还有一个原因：江南人家在冬天都会腌制咸肉，以备过年之需。过完正月，多半会有些存货。如果不趁着这个春季吃完，天气渐热，咸货吃起来多出一股"哈"味儿，口感大减，如迟至梅雨季节，还会霉变长毛，就更吃不得了。

　　春笋季节，把咸肉就着春笋同煮，既尝了时鲜的春笋，又消耗了咸肉的存货，在鲜香中体味春天的气息，不亦乐乎。

阅江南·味一

腌笃鲜也是我家餐桌上的常客。

早上去菜市场买了春笋来，去壳剥皮，切成滚刀块，咸肉和仔排焯水后与笋同放在砂锅里，大火烧开转小火，炖够两个小时就可以享受美味了。

我更喜欢在汤里放一点火腿，可以令这道菜增加一些鲜香的味道。

浙江金华和我们江苏的苏州都做火腿，我更喜欢云

来源：视觉中国

南宣威的火腿，味道似乎更醇厚一些。

　　汪曾祺，在《昆明菜》一文中这样写道："云南宣威火腿与浙江金华火腿齐名，难分高下。"

　　火腿是昂贵的食材，除非送礼，很少人买整只的。不同部位的火腿价格各异，印象里是上方最贵，中方次之。以前上海的南货店里经常会卖一些切下来的边角料，价格很便宜，拿来煮汤却绝佳。

来源：视觉中国

烧腌笃鲜，如果要吃到美味的咸肉，有个窍门。

咸肉洗净后要整块入锅，炖熟取出，待上席前再切片放回汤里。这样烧出来的咸肉，味道纯正，肉质不柴，汤也不会太咸。当然也可以加些百叶结，来吸取汤汁中的咸味，百叶结又与其他材料相互浸淫渲染，带来味蕾的美妙体验。这是一位很懂生活的周姐教我的。

现在很多人为了健康的缘故，不爱吃咸肉这些腌腊制品。我却改不了吃咸货的习惯：味道实在是太赞了！

作者简介

崔曙平

江苏省城乡发展研究中心主任，人文地理学博士，研究员级高级工程师，江苏省建筑文化研究会秘书长、常务理事。

盛夏"鳝事"

丁学东

　　小暑过后，进入三伏，气象台发出高温预警，气温直升至35℃以上，正应了"赤日炎炎似火烧，野田禾稻半枯焦"两句诗，让人热得透不过气来，仿佛坐"镬子"里蒸。

　　再怎么热，一日三餐依然不会少。老话说：冬吃一支参，夏吃一条鳝。既然小暑黄鳝赛人参，价格自然不菲，每斤五六十元再正常不过。上

菜场买几条黄鳝，活杀后拎回家，做成鳝丝、鳝糊、鳝筒……搭酒下饭，让烦暑打了折扣，日子也就称了心、如了意。

为何独独喜欢黄鳝，以前从来没想过。现在想来，大概与小时候的生活习性有关。每年七月，在熬过了一个学期的苦日子后，学校放暑假了。此时，正是黄鳝上市季节。在没有网络和手机的年代，捕螃蟹、捉黄鳝等成了最好的消遣方式，赋予了童年生活更多的滋味和意义。十余年下来，对黄鳝也就有了不一样的感情。

黄鳝细长如蛇，色泽微黄，体表润滑，属淡水鱼类，栖息在池塘、小河、沟渠、稻田等处，隐士般穴居。原本与小龙虾一样，是一道野味，含有丰富的DHA和卵磷脂，具有补脑健身、清热解毒、祛风消肿、润肠止血等功效。捉黄鳝的方法，无非以下三种：

一是徒手捕捉。在水田沟渠，黄鳝一般有分布较近的两个洞口，正

来源：视觉中国

常距离在1.5米左右，一个用来藏身，一个用来透气。找到洞口，封住其中一个，然后伸进手去，摸到鳝身，用指甲死死卡住，把它从泥洞里拖出来。二是垂钓诱捕。对于水位较深的池塘，不便徒手捕捉，可采用垂钓的方式。白天，黄鳝喜欢待在洞中。找到隐现水面的洞口，把串有蚯蚓等诱饵的钓钩伸入洞中，黄鳝会"傻傻"咬钩。三是鳝笼诱捕。小河池塘在雨季水位升高，淹没了黄鳝的洞口。此时，黄鳝大多喜欢隐藏在水草或其他漂浮物下面。此时，我们给它"人工搭窝"，在鳝笼内放入诱饵，引黄鳝入内。用以上任何一种方式捕捉，只要稍稍掌握些技巧，每天捉个五六条黄鳝不在话下。回家烹调食用，成了最好的滋补品。

小时候，相比于孩子们比较业余的捉黄鳝，成年人中有不少"全副武装"的捕鳝高手，他们骑一辆装满鳝笼等各式捕鳝工具的自行车，活跃乡间，以捕鳝为生，每天捕获三五十斤，一个夏季能赚万把块钱。

黄鳝的吃法有N种，除炒鳝丝、炖鳝筒、爆鳝片、煲鳝汤等烹制方法外，本帮菜中的看家菜——响油鳝糊，是非常地道的苏南味道。一道响油鳝糊，虽看似简单，但制作工艺相当复杂。别的且不说，单单油料就要

| 李嘉能 绘
来源：江苏省首届"丹青妙笔绘田园乡村"活动 优秀奖

用三种，所谓"猪油炒，菜油焖，麻油浇"。响油鳝糊与三鲜锅巴一样，上桌后得听得见声响。如何做到？在鳝糊中间挖个凹塘，摆好葱蒜，边上配一把装着滚烫麻油的油壶，当客人的面，把壶中的烫油浇入凹塘，只听见"呲啦"一声，然后再用公筷搅拌，这响油鳝糊就算是完成了。要鉴定响油鳝糊这道菜是否正宗，除制作工艺外，关键要看作为调料的蒜。本帮正宗鳝糊用的是青蒜叶子末。假如用蒜泥作调料，那就是旁门左道了。不过，用蒜泥作调料未必不好吃，只是感觉稍稍差了些。

小时候只在盛夏吃黄鳝，现在一年四季都有的买。野生黄鳝几乎绝迹，我们吃到的黄鳝，大都是人工养殖的。人工养殖的黄鳝，虽个大肉多，但咬起来松松的、软软的，与野生的全然不是一个味，不过聊胜于无罢了。城区有家餐厅打出了"野生黄鳝"招牌，我见了只能苦笑。相伴着"青山绿水就是金山银山"理念的深入人心，时下，我们居住的环境虽然越来越生态，但江河湖海的纯净，尚有待时日。且不说小河浜、小沟渠里是否还有野生黄鳝，即便有，在这些并不纯净的水质里生长的黄鳝，是不是比养殖的健康、清爽？我看未必。

曾几何时，常听人说，少数不良养殖户为了给黄鳝增肥，用避孕药喂食黄鳝。事实上，这一说法并不成立。据相关实验室考证，黄鳝是雌雄同体，在个体发育中具有雌雄性逆转的特性，即从胚胎期到初次性成熟时都是雌性。雌性黄鳝因为要产卵，所以生长较慢。产卵后卵巢逐渐退化，精巢逐渐成熟；再长大，则体内以保存精巢居多，也有一些仍是雌雄同体。给黄鳝吃避孕药，非但对于它的生长速度没有显著效果，反而会在一个月后造成黄鳝大批死亡。养殖户若真给黄鳝喂避孕药，必将得不偿失。

那么，养殖的黄鳝为什么比野生的个头大了许多呢？主要原因在于野生黄鳝食物不充足，在夏天水温过高时，会钻入洞穴或泥潭中，不再进

来源：视觉中国

食。而人工养殖的黄鳝，水温恒定，每天能正常进食，故个大肉肥。养殖户虽不会使用避孕药，但不排斥偶尔会少量用些抗生素或激素药。对此，在我看来，没必要大惊小怪。试想，健康人士不是都喜欢吃蔬菜吗？其实蔬菜更危险，农药毕竟是直接喷洒在蔬菜上的，吃了有农药残留的蔬菜，与直接服毒差不了多少。而黄鳝吃了激素后，毕竟还要经过消化、排泄，真正留在体内的，绝对比蔬菜的农药残留来得少。

黄鳝虽然好吃，但活杀黄鳝的场面却是相当血腥。在菜场所见的黄鳝，大都养在较大的塑料盆中。商贩在摊位旁放置一块顶部戳有铁钉的木板，顾客看中哪几条黄鳝，商贩立马捞出来装进塑料袋，在电子秤上称好分量、算好价钱。"帮我杀成鳝筒哦！"顾客言语一声。只见老板非常麻利地从袋中锁住一条黄鳝，用木板上的铁钉戳穿鳝头，拿刀片由上往下一划拉，便给黄鳝开了膛，掏空内脏，装回袋内，两三下便搞定，只需十秒钟时间。生命力极强的黄鳝，虽说剖成寸段了，却仍在塑料袋内扭动，让胆小者情何以堪？拎回家中，拿开水浇上去，黄鳝才彻底安分。

｜《收获》宗俊 摄
来源："特田生活特别甜"手机摄影比赛 二等奖

盛夏时节，黄鳝成了各大餐馆的必备菜。我除了上餐馆吃饭必点黄鳝、上菜场买菜必买黄鳝外，还喜欢到离家不远的一家面馆去吃鳝丝面。这家面馆的鳝丝面，鳝丝量足，性价比高。老板是本地人，继承了祖传手艺，再加上门面房是自家的，所以做生意的心态好，不会宰客。去吃的趟数多了，与老板成了朋友。有一次去晚了，鳝丝仅存半份，老板从冰箱里找块鸡肉，切成鸡丝，与鳝丝、蘑菇一道做了碗鸡丝鳝丝面端给我，同样味道鲜美。吃进嘴里，更多了情谊的味道。

"我会调和美鳝，自然入口甘甜。不须酱醋与椒盐，一遍香如一遍。满满将来不浅，那人吃了重添。虚心实腹固根元，饱后云游仙院。"（元代马钰《西江月·赴胡公斋》）像诗中所写的那样，尽管黄鳝的吃法有N种，但吃来吃去，还是小时候母亲炒的鳝丝最好吃。她算不上"大师傅"，也不懂"猪油炒、菜油烧、麻油浇"的做法。把游来扭去的小黄鳝开膛破肚后切成鳝丝，不加浓油赤酱，只不过拿菜油炒了，加一些绿豆芽当"搭头"。

我满头大汗，从骄阳下回到家中，盛一碗麦牺饭，把母亲炒的豆芽鳝丝拌入饭中，扒拉入口，哎呀，那真是最爽的妈妈味道、最酽的美丽乡愁。正应了"好吃的东西都在儿时"这句话。

作者简介

丁学东

笔名丁东，长期从事教学、教研及行政管理工作。2017年5月以来，先后在《人民日报》《人民政协报》《光明日报》《新华日报》《学习强国》等地市级以上报刊发表散文、随笔、诗歌330多篇（首），并有多篇作品在各类比赛中获奖。

残荷之韵味

欧阳科谕

在浩如烟海的中华词汇库里，"残"往往使人联想到这样一些词：残败、残破、残缺、残损、残疾、残废、残局、残阳如血、残兵败将、残羹冷炙、抱残守缺……这些词往往都染上凄凉、沧桑的色彩，难道这"残"里竟毫无亮色吗？

来源：顾心恩 摄

来源：李菲菲 摄

　　八月的最后几天，我在女儿家小住，她家与"到此莫愁"的莫愁湖毗邻。清晨，我每每乘着早凉漫步湖畔，呼吸清新而略略湿润的空气。习习晓风，拂面而过，沁入心脾，令人神清气爽。我信步踏上一段精致的木栈桥，桥下有一片荷花塘。夏将逝，秋将至，只见荷塘里"千朵芙蓉丽，凌波致，一片霞明媚，花如醉……荷叶亭亭摇翠。银涛忽卷，万斛琼瑶揉碎"（清·郑熙绩）这美景已难觅踪影，眼前只是一片残荷破败的景象。哦！我不禁感叹道，时节不饶人啊！

　　我索然无味地向前缓缓走去，而后又下意识张望起来。荷塘里深浅不一、形态各异的荷叶，或尚丰满，或已残缺。那仅存的几张丰满的荷叶盘上滚动着少许晶莹剔透的水珠，好似一个个小顽童在变着花样恣意翻滚嬉戏。忽然，我和伴在身边的学生眼前一亮，映入眼帘的竟是从未留心过的奇景。一张完整的荷叶好似一张绿色的疏密有致的蛛网。你瞧，这网上只有少许叶子，密密的纹路从中心点向四周辐射，网络间还留有小小的空白。镂空的纵横交错的纹路丝丝缕缕，清晰可辨，其色泽由深绿而渐浅。我们饶有兴趣地拍下了这奇景，此后我连去两三天，这薄薄的纤细的网竟无丝毫破损。它日夜守护着这方荷塘，滤去阳光月色雨露，傲然地张开圆圆的脸庞仰望苍穹！

　　这一切深深敲击着我的心扉，这奇景是如何造就的？我请教了专业人士。原来这是小昆虫画家，这个小精灵的杰作。肉眼无法看见的小小昆

吴冠中《残荷》

来源：先声美术馆 藏

虫贪吃了荷叶上细嫩的部分，剩下啃不动的硬硬的经络。正是这密密的经络支撑起硕大的叶面！

啊！大自然的能工巧匠，鬼斧神工，不经意间用自己的天性，绘就了这超凡脱俗的奇绝图案。这堪称一件经过时间沉淀的自然的精华，怎不令人称奇叫绝！

抬头再看这一塘残荷可真热闹。远远近近大小不一的莲蓬，有的呈深褐色，有的还绿绿的；有的已结出饱鼓鼓的清香莲子，有的尚在孕育中。一个个伸长了纤细的脖子，探头探脑地窥视这新奇的世界。

来源：刘羽璇 摄

赵少昂《残荷》
来源：南京艺术学院艺术市场实验中心

我的目光不禁又投向了水面，这里也是一番生机勃勃的景色。浮在水面上的飘零的残荷，有的叶子张着，有的已经残破卷成墨黑的一团。碧绿的水草，牵牵连连，轻盈的身躯随微风飘动，影影绰绰似梦幻般的水晶宫。深黛的水下依稀可见自由自在游动的小鱼小虾。

我想无法窥见的那些扎根于淤泥深处的香甜肥硕的藕也一定在悄无声息地膨大、生长。

这繁盛的荷塘不也是一个小小的缤纷多彩的生态系统吗？

古诗中曾有诗人哀叹残荷的凄冷。唐人李群玉在《晚莲》里这样描摹："露冷芳意尽，稀疏空碧荷。残香随暮雨，枯蕊堕寒波。"

可我说，残荷，你在岁月中枯萎并不意味着死亡。你和你的伙伴们植根于墨色的淤泥，滋养大千世界，你就在这里默默守望来年的春光，守望新一轮的生命之芽迸发！

大自然的美不正在这荣枯之间轮回吗？生生不息，亘古长存！这不也正是残荷的神韵吗！

来源：顾心恩 摄

作者简介

欧阳科谕

1940年12月出生，先后在南京市多所中学任教，1988年首批被评为高级教师。曾编写《初中语文金牌阅读训练》《中国初中生作文精品廊》等十余种语文教辅类畅销书。2016年由江苏人民出版社出版个人文集《感谢生活》。2020年由江苏人民出版社出版文集《相遇·同行》(与老伴合著)。

落雪的江南

李菲菲

十月江南天气好，可怜冬景似春华。江南的冬景是一个形容词，譬如此时的树大多很瘦，叶很迷蒙。风雪也不止丰满，颇有些活泼的性格。

江南很少下雪，所以雪在江南就显得格外珍贵。作家苏童说：它"让大人们皱一皱眉头，也让孩子们不至于对冬天恨之入骨"。江南的初雪，一如小巷里那素衣女子，总是在满怀期待中，姗姗来迟。

风情最是雪江南，半是温柔半作寒。一场雪，给了江南诗意的典雅。

唐·王琪《忆江南》

江南雪，轻素剪云端。

琼树忽惊春意早，梅花偏觉晓香寒。

冷影褫清欢。

蟾玉迥，清夜好重看。

谢女联诗衾翠幕，子猷乘兴泛平澜。

空惜舞英残。

| 苏州拙政园
来源：江苏省建设档案研究会

江南的落雪，姿态独特，它悄悄然落下，碎玉轻飞般，将一种透骨的清寒孤寂，洒落到一山一水，一草一木里。

南宋·韩元吉《菩萨蛮·江南雪里花如玉》

江南雪里花如玉，风流越样新装束。

恰好缕金裳，浓熏百和香。

明白篱菊艳，却作妆梅面。

无处奈君何，一枝春更多。

| 镇江金山
来源：江苏省建设档案研究会

| 常州红梅公园冬景
　来源：陆志刚 摄

　　雪月最相宜，梅雪对成趣，一场雪，又给了江南风花雪月的浪漫。

南宋·张孝祥《卜算子·雪月最相宜》

　　雪月最相宜，梅雪都清绝。去岁江南见雪时，月底梅花发。
　　今岁早梅开，依旧年时月。冷艳孤光照眼明，只欠些儿雪。

　　疏影横斜水清浅，暗香浮动月黄昏。落雪的江南，是诗意的江南。江南雪，雪里江南花如玉；江南雪，雪煮梅香香暗袭；江南雪，胜却无数春江月。

| 江南乡村雪景
　　来源：吴呈昱 摄

宋·吕本中《踏莎行·雪似梅花》

　　雪似梅花，梅花似雪。

似和不似都奇绝。恼人风味阿谁知？

　　在江南，冬天的树木依然生机盎然，饱含绿意，如苍劲的松柏、冷秀的竹林，或成片的山茶树和绿叶桂花林，甚至还有那些等不及春天的到来就"忘情"开放的梅花、鹿角海棠、一品红、山茶花……江南的冬季有了浓浓的春之气息。梅开江南，独天下而春，那簇簇梅花的盛开姿态，与雪景相映成趣，增添了冬日活泼奔放的场景。

| 尚君砺《秦淮瑞雪》
来源：远望堂 藏

来源：张晓鸣 摄

　　郁达夫在《江南的冬景》写道："寒风——西北风——间
或吹来，至多也不过冷了一日两日。到得灰云扫尽，落叶满
街，晨霜白得像黑女脸上的脂粉似的清早，太阳一上屋檐，
鸟雀便又在吱叫，泥地里便又放出水蒸气来，老翁小孩就
又可以上门前的隙地里去坐着曝背谈天，营屋外的生涯了；
这一种江南的冬景，岂不也可爱得很么？"

　　在他的笔下，江南的冬景，总觉得是可以抵得过北方夏
夜的一种特殊情调，说得摩登些，便是一种明朗的情调。这
份明朗的情调在白居易的笔下，则是可爱的，亦是温柔的。

　　　　　　绿蚁新醅酒，红泥小火炉。

　　　　　　晚来天欲雪，能饮一杯无？

质朴的语言饱含生活的情趣。每到冬天当我们谈及寒冷中的美好，它一定会被轻轻诵起。彼时，有酒，有故事，围炉而坐，促膝而谈。即使外面飘雪漫天，只觉温暖如春。

这就是江南的冬天，有冷趣，亦有生趣，有着自己独特的魅力，总让人念念不忘。

作者简介

李菲菲

江苏省城乡发展研究中心融媒体部编辑。